高 等 职 业 教 育 系 列 教 材

U0653153

C#程序设计及应用教程

主 编 李从宏

副主编 赵 蕾 曹青青

南京大学出版社

内容简介

本教材是一本以C#编程语言为基础的高级语言程序设计教程,在介绍完基于C♯编程语言的控制台应用程序设计和窗体式应用程序设计后,还介绍了基于串口通信和网络通信的可对电子系统进行数据采集与控制的程序设计,扩展了高级语言程序设计的应用面,适合更多专业的学生使用本教材。本书涉及的内容主要有:C#编程基础、WinForm应用程序设计、串口通信程序设计、多线程程序设计、网络通信程序设计、数据库程序设计及项目实战。

本书提供了大量的项目供读者实践、举一反三练习,其中实训项目配置了丰富、详细的操作步骤截图,让读者轻松掌握实现过程。有些项目还有提升空间,读者可根据所学知识进行改进使程序更具有健壮性。

本书的主要使用对象是电子信息工程技术专业、应用电子专业、物联网专业、通信工程专业、机电专业、计算机专业等相关专业的学生,同时也可以作为工程技术人员在开发项目时的参考书。

由于编者水平有限,疏漏之处难免,敬请批评指正,书中所有项目(源码)均为作者亲自编写,若有技术问题需要讨论或有建议,或需求课本案例源码及项目电路板的读者可与我们联系,编者信箱:171576688@qq.com。

图书在版编目(CIP)数据

C♯程序设计及应用教程 / 李从宏主编. – – 南京 ：
南京大学出版社,2025.8. – – ISBN 978 – 7 – 305 – 29565 – 2

Ⅰ.TP312.8

中国国家版本馆 CIP 数据核字第 202561LB49 号

出版发行　南京大学出版社
社　　址　南京市汉口路 22 号　　　　　邮　　编　210093
书　　名　**C♯ 程序设计及应用教程**
　　　　　C# CHENGXU SHEJI JI YINGYONG JIAOCHENG
主　　编　李从宏
责任编辑　田纳西　　　　　　　　编辑热线　(025)83596997
照　　排　南京开卷文化传媒有限公司
印　　刷　南京百花彩色印刷广告制作有限责任公司
开　　本　787 mm×1092 mm　1/16 开　印张 13.5　字数 345 千
版　　次　2025 年 8 月第 1 版　2025 年 8 月第 1 次印刷
ISBN　978 – 7 – 305 – 29565 – 2
定　　价　39.80 元

网　　址:http://www.njupco.com
官方微博:http://weibo.com/njupco
微信服务号:NJUYUNSHU
销售咨询热线:(025)83594756

前　言

2019 年 8 月，中共中央办公厅、国务院办公厅印发了《关于深化新时代学校思想政治理论课改革创新的若干意见》，明确提出要整体推进高校课程思政建设，发挥所有课程育人功能。教育部随后出台《高等学校课程思政建设指导纲要》提出全面推进高校课程思政建设，明确了课程思政建设的总体目标和重点内容，对推进高校课程思政建设进行了整体设计，把课程思政从工作要求转化为政策实施表和行进路线图。

课程思政主要形式是将思想政治教育元素，包括思想政治教育的理论知识、价值理念以及精神追求等融入到各门课程中去，潜移默化地对学生的思想意识、行为举止产生影响。

因此，本课程融入课程思政元素相关内容，同时更新相关的内容，将行业最新发展技术引入本教程中。本教程采用项目式教学法，采用了大量的项目案例，强调学中做。

本书由李从宏、赵蕾、曹青青三位老师编写，共有 10 章内容组成，其中：第 1 章～第 4 章由曹青青老师负责编写，第 5 章～第 7 章由赵蕾老师负责编写，第 8～10 章由李从宏负责编写。第 1 章到第 6 章讲解了一般应用程序设计的相关知识，主要有 C#基础知识、文件操作知识及窗体式应用程序设计知识；第 7 章讲解了基于串口通信的数据采集与控制的程序设计相关知识；第 8 章讲解了基于网络通信的数据采集与控制的程序设计相关知识；第 9 章讲解了 C#访问 SQLite 数据库的程序设计相关知识；第 10 章讲解了几个综合项目实战开发案例，引入了曲线显示数据技术、将数据保存到 EXCEL 文件和数据库中等相关技术。

通过本教材的学习，读者可以对软件的整个生命周期有一个较清晰的认识，通过大量的实际项目学习和实践，让读者能快速掌握基于 C#的高级语言程序设计方法,以及在电子系统中数据采集与控制上位机程序设计相关技术。

本书的某些例子或项目都还给读者留了一定的提升空间,让读者在掌握相关章节内容后能进行一定程度的改进,使软件更具有完备性和健壮性。

完成本书所有内容共需要 78 课时,可应用于 48 课时、64 课时和 76 课时三种类型的教学中。

在编写本书过程中,得到了南京工业职业技术大学计算机专业张以利、物联网专业徐丽萍、通信专业董彭及江苏海事职业技术学院何金灿等多位老师的指导,各位老师提出了宝贵的修改意见,在此表示感谢。

目　录

第 1 章 .NET环境及C#编程规范

.NET是一种用于开发多种类型项目的应用程序和库,可以开发 Web 应用、Web API 和微服务、移动应用、桌面应用、Windows WPF、Windows 窗体、物联网(IoT)、机器学习、控制台应用、Windows 服务等。

.NET框架为开发人员提供的技术比任何以前的微软开发平台都要多,比如:代码重用、代码专业化、资源管理、多语言开发、安全、部署、管理等。

.NET平台上的程序设计语言有C#、C++.NET、VB.NET 等,其中C#是专门为.NET平台开发的语言,该语言语法简洁美观,易于上手,是软件企业流行的一种编程语言。

本章的主要内容有:

(1) 了解.NET框架。

(2) 了解 Visual Studio 2022 开发环境的安装。

(3) 了解基于C#编程的控制台应用程序框架。

(4) 掌握C#的编程规范。

1.1 .NET框架简介

.NET框架是微软公司推出的一个全新的编程平台,本教材使用的版本是 4.8。.NET Framework 是一个功能非常丰富的平台,可开发、部署和执行分布式应用程序。在安装 Visual Studio 2022 的同时,.NET Framework 4.8 也被安装到本地计算机中。

.NET Framework 具有两个主要组件:

(1) 公共语言运行库

公共语言运行库(Common Language Runtime,CLR)是整个.NET框架的核心,它为.NET应用程序提供了一个托管的代码执行环境。它实际上是驻留在内存里的一段代理代码,负责应用程序在整个执行期间的代码管理工作,比较典型的有:内存管理、线程管理、安全管理、远程管理、即时编译、代码强制安全类检查等。

(2) .NET Framework 类库

.NET Framework 提供了许多开发人员可重用的基础类,包括线程、文件 I/O、数据库支持、XML 分析和数据结构等,并且这些类库可用于支持所有.NET Framework 的编程语言,如 VB.NET、C#、C++.NET,这些语言实际上使用的是.NET提供的统一的基础类。

.NET Framework 框架的组成与层次结构如图 1-1 所示。

.NET Framework 是架构在 Windows 平台上的一个虚拟的运行平台,可以实现在不同平台下使用符合 CLS(Common Language Specification,通用语言规范)的.NET语言来创建应用程序的功能,因而可以说,C#是一种可以跨平台的语言。

C#	VisualBasic	C++	JScript	F#

Common Language Specification 通用语言规范（CLS）	Common Type System 通用类型系统（CTS）

Framework Class Library 框架类库

WinForm	WPF	WCF	WF	WebService

ASP.NET （WebForm、MVC、Web API 等）	

Data and XML Classes （A DO.NET、SQL、XML、LINQ 等）

BaseClass Library基类库 （IO、String、Net、Text、Threading 等）

Common Language Runtime （公共语言运行时）

Windows APIs (操作系统应用程序接口)	COM+Service （组件服务）	Drivers （驱动）

OperatingSystem(OS) （操作系统）

Hardware Interface （硬件接口）

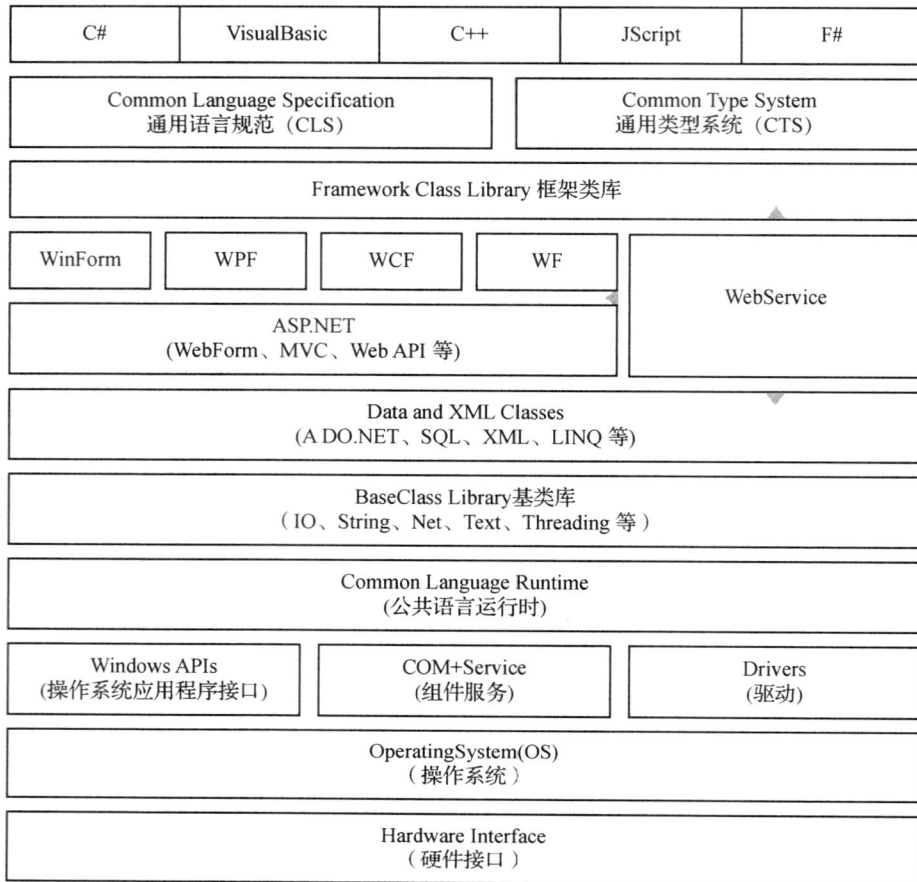

图 1-1 .NET Framework 框架组成与层次结构

C#编写的程序代码先通过C#编译器编译为一种特殊的字节代码，即微软中间语言（Microsoft Intermediate Language，MSIL），运行时再由特定的编译器（Just In Time，JIT）解释为机器代码，以供操作系统执行。

1.1.1 公共语言运行时 CLR

公共语言运行时（Common Language Runtime）是所有.NET应用程序运行时环境，它遵循公共语言架构的标准，能够使C++、C#、Visual Basic 以及 JScript 等多种语言深度集成。将在 CLR 控制下运行的代码称为托管代码（managed code）。CLR 结构图如图 1-2 所示。

CLR 在执行编写好的源代码之前需要进行编译，编译分为两个部分：

（1）把源代码编译为 Microsoft 中间语言（IL），即将源代码编译为托管模块，如图 1-3 所示。

（2）CLR 把 IL 编译为平台专用的代码。

这两个阶段的编译过程非常重要，因为 Microsoft 中间语言（托管代码）是.NET存在许多优点的关键。

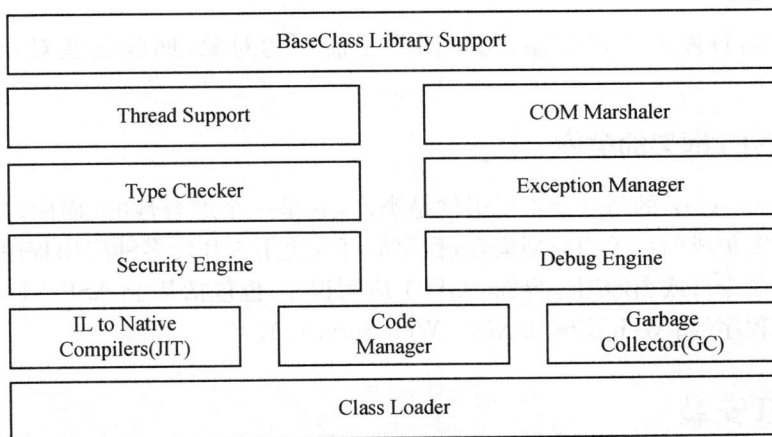

图 1-2　CLR 结构图

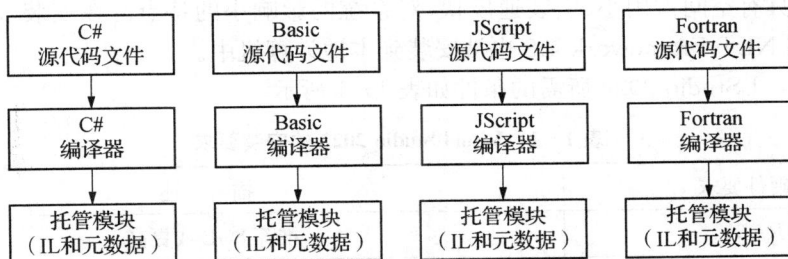

图 1-3　将源代码编译为托管模块

C#具有的许多特点都是由 CLR 提供的,如:类型安全(Type Checker)、垃圾回收(Garbage Collector)、异常处理(Exception Manager)、向下兼容(COM Marshaler)等,具体地说,CLR 为开发者提供如下的优势:

(1)平台无关性

CLR 使用了虚拟机技术,它构架在操作系统之上,并不要求程序的运行平台是 Windows 系统,只要操作系统能够支持它的运行库,都可以在该操作系统中运行.NET应用程序。

(2)跨语言集成

将不同语言编写的代码都编译成相同的 IL,这样就可以在不同语言之间进行无差别的交互。例如,可以用 VB.NET 声明一个基类,然后在C#代码中直接使用该类。

(3)自动内存管理

CLR 提供了垃圾收集机制,可以自动管理内存。当对象或变量的生命周期结束后,CLR 会自动释放它们占用的内存。

(4)提高性能

IL 总是及时编译的,它并不将应用程序一次编译完,而是编译运行所需的那部分代码,然后将编译过后的部分存储,这样下次运行就不需要编译了,使得 IL 代码执行的速度几乎和内部代码一样快。另一方面,CLR 会对当前的 CPU 做出针对性的优化从而提高性能。

（5）垃圾回收

公共语言运行库垃圾回收器,用于回收不需要的对象,回收这些对象占用的内存空间。

1.1.2　.NET框架的类库

.NET Framework 的另一个主要组件是类库,它是一个综合性的、面向对象的、与公共语言运行库紧密集成的可重用类型集合,程序员可以使用它开发多种应用程序,这些应用程序包括传统的命令行或图形用户界面（GUI）应用程序,也包括基于 ASP.NET 所提供的最新创新的应用程序（如 Web 窗体和 XML Web Services）。

1.2　.NET安装

Visual Studio.NET 开发平台有多个版本,Visual Studio.NET 2022 可轻松选择并仅安装所需功能,具有空间占用小、安装速度快、对系统的影响小的特点。在安装 Visual Studio 2022 的同时,.NET Framework 4.8 也被安装到本地计算机中。

安装 Visual Studio 2022 所需的条件如表 1-1 所示。

表 1-1　Visual Studio 2022 的安装要求

软硬件要求	描　　述
RAM	推荐 8GB 或更高。
可用硬盘空间	建议预留至少 40 GB 以上。
操作系统	Windows 10 及以上版本。

软件安装步骤:

Step1:到微软官方网站下载 Visual Studio 2022 安装程序,对于初学者,推荐安装 Visual Studio Community,这个安装程序包括安装和自定义 Visual Studio 所需的一切。双击 vs_community.exe 可执行文件,应用程序会自动跳转到如图 1-4 所示的"Visual Studio 2022 安装程序"界面,并点击"继续（O）"。

图 1-4　"Visual Studio 2022 安装程序"界面

Step2:选择工作负载和安装路径。通过选择所需的功能集或工作负载来使用程序自定义安装,在"Visual Studio 安装程序"中找到所需的工作负载,本门课程内容可以只选择".NET 桌面开发"。安装路径建议选择 D 盘以保证 C 盘的容量,可减少 Visual Studio 对系统磁盘空间的占用。最后选择默认组件,选择所需的工作负载、组件、语言包和安装位置后,点击"安装",如图1-5和1-6所示。

图1-5 选择工作负载

图1-6 选择安装路径

Step3:点击安装之后,会出现多个显示 Visual Studio 安装进度的状态屏幕,可以随时安装最初未安装的组件,直到 VS2022 安装结束,如图1-7所示。

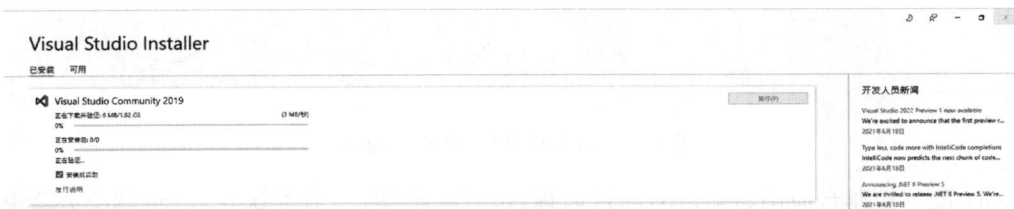

图1-7 Visual Studio 安装进度

1.3　控制台应用程序及编程规范

1.3.1　创建控制台应用程序

Visual Studio.NET 中可以创建多种应用程序，本节介绍控制台应用程序的创建方法：

（1）在 Visual Studio 安装完成后，开始使用 Visual Studio 进行开发。在"开始"窗口上，选择"创建新项目"，如图 1-8 所示。

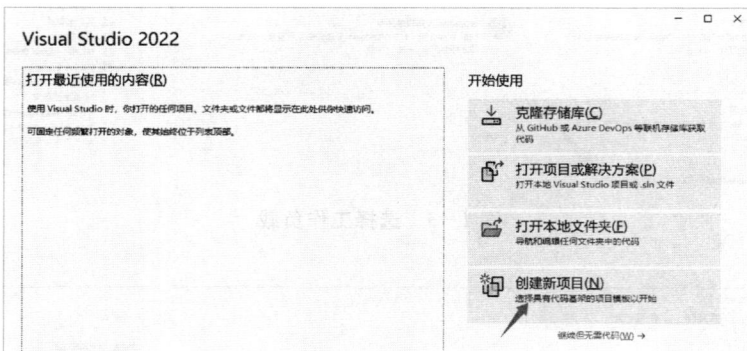

图 1-8　创建新项目

（2）在弹出的界面中，选择使用编程语言、程序执行的平台及程序的类型，选择"控制台应用(.NET Framework)"，点击"下一步"，如图 1-9 所示。

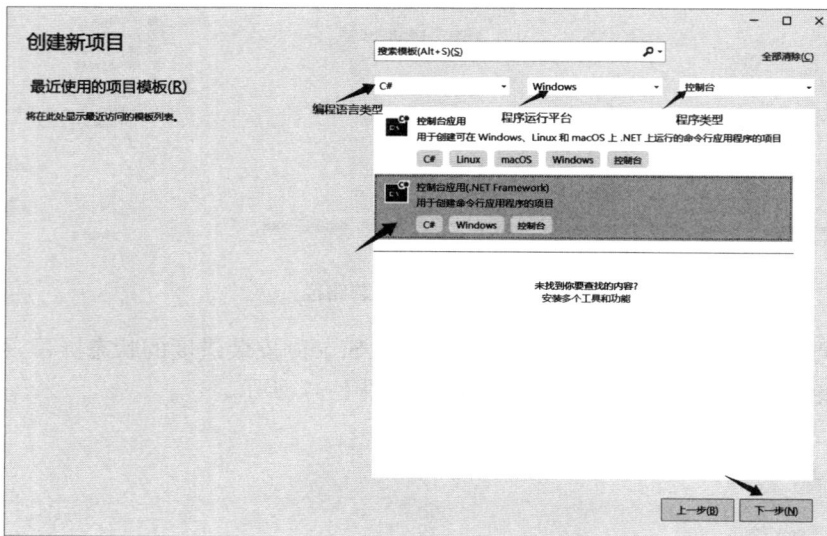

图 1-9　选择控制台应用程序模板

（3）配置控制台应用新项目的项目名称、位置和框架，一般默认勾选"将解决方案和项目放在同一目录中(D)"，点击"创建"，如图 1-10 和图 1-11 所示。

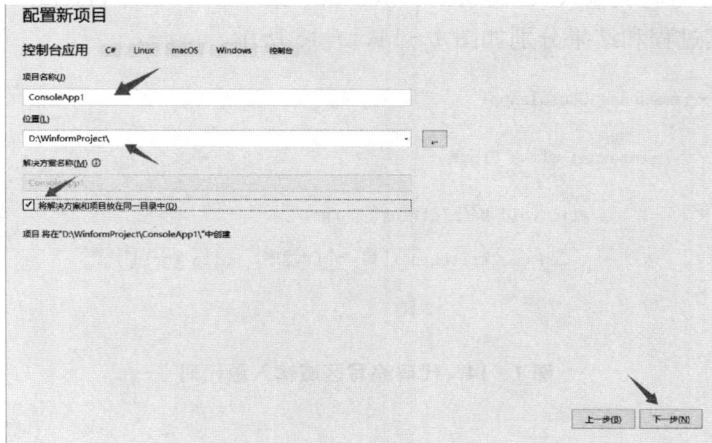

图 1-10　配置控制台应用新项目的项目名称等信息

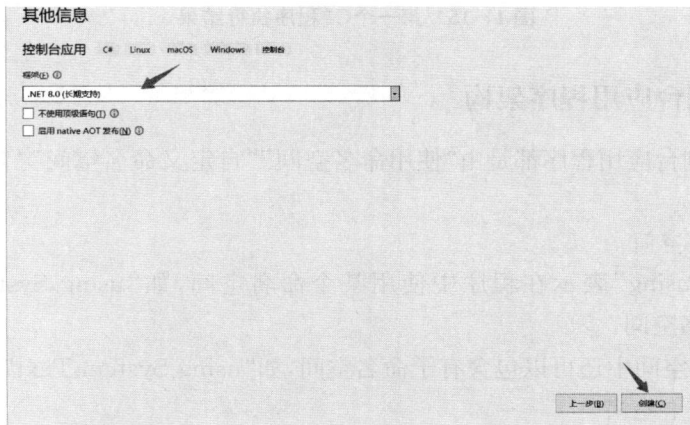

图 1-11　选择架构

（4）编译执行应用程序：先在代码编写区域中不输入任何内容，直接编译执行应用程序，看看效果，其过程和结果分别如图 1-12、1-13 所示。

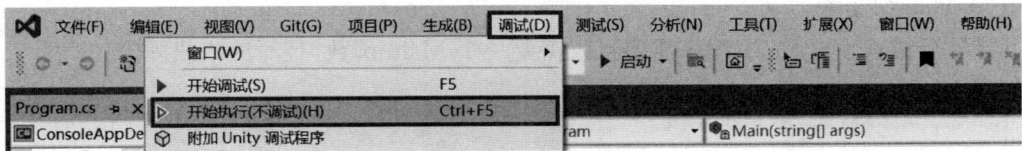

图 1-12　编译执行应用程序过程操作一

请按任意键继续. . .

图 1-13　编译执行应用程序过程操作二（输出窗口，执行结果）

（5）在代码编写区域输入"Console.WriteLine("第一个C#程序，Hello world")；"，编译执行应用程序，其过程和结果分别如图 1-14、1-15 所示。

```
7   ∨ namespace ConsoleApp1
8     {
           0 个引用
9         internal class Program
10        {
              0 个引用
11            static void Main(string[] args)
12            {
13                Console.WriteLine("第一个C#程序，Hello World");
14            }
15        }
16    }
```

图 1-14　代码编写区域输入源代码

C:\WINDOWS\system32\cmd.exe
第一个C#程序，Hello world
请按任意键继续. . .

图 1-15　第一个C#程序执行结果

1.3.2　控制台应用程序架构

任何一个控制台应用程序都是由"使用命名空间""自定义命名空间""自定义类""Main（）"构成。

（1）使用命名空间

使用关键字"using"表示在程序中使用某个命名空间，如"using System"，表示使用"System"这个命名空间。

在C#中，命名空间中还可以包含有子命名空间，如"using System.Text"。

（2）自定义命名空间

使用关键字"namespace"表示自定义一个命名空间，如程序中的"namespace ConsoleAppDemo1"，表示自定义了一个名为"ConsoleAppDemo1"的命名空间。

（3）自定义类

使用关键字"class"表示自定义一个类，如程序中的"class Program"。

（4）Main（）函数

C#与C语言一样，应用程序需要且仅需要一个 Main 函数，且写法格式固定：

```
static void Main(string [] args)
{
}
```

其中"static"关键字表示 Main（）是一个静态方法，至于静态方法的相关知识将在后续的章节中介绍。

命名空间是一种特殊的分类机制，它将一个与特定功能集有关的所有类型都分组在一起，有助于防止命名冲突。常见命名空间如表 1-2 所示。

表 1-2　常见命名空间

命名空间	描述
System	包含基本类型、类型转换、数学计算、程序调用以及环境管理的定义
System.Text	包含了用于处理字符串和各种文本编码的类型，并支持不同编码方式
System.Collections	包含了用于处理对象集合的类型，采取列表或者字典形式的存储机制
System.Collections.Generics	专门用于处理处理依赖于泛型（类型参数）的强类型集合
System.Data	包含了对数据库中存储的数据进行处理的类型
System.Drawing	包含了用于操作显示设备和进行图形处理的类型
System.IO	包含了用于处理文件和目录的类型，提供了文件的处理、加载和保持能力
System.Threading	包含了与线程处理和多线程编程有关的类型
System.Windows.Forms	包含用于创建图形用户界面以及其中的各种组件的类型

1.3.3　C#语言编程规范

制定编程规范的目的是保证代码的可读性和可维护性，使代码简洁统一、避免冗余、易于阅读，在编写程序过程中应该严格遵循C#代码的书写规范，C#的编程规范有：

（1）尽量使用接口，然后使用类实现接口，以提高程序的灵活性。

（2）一行不要超过 80 个字符。

（3）尽量不要手工更改计算机生成的代码。

（4）关键的语句（包括声明关键的变量）必须写注释，至少要保证声明方法时要写注释。

（5）建议局部变量在最接近使用它的地方声明。

（6）不要使用 goto 语句，除非是用在跳出深层循环时。

（7）避免写超过 5 个参数的方法。如果要传递多个参数，则使用结构体。

（8）避免书写代码量过大的 try-catch 模块。

（9）避免在同一个文件中放置多个类，实际工程中要求一个类定义在一个文件中。

（10）生成和构建一个长的字符串时，要使用 StringBuilder 类型，而不用 string 类型。

（11）switch 语句一定要有 default 语句来处理意外情况。

（12）对于 if、for、foreach、while、do…while 语句，应该使用一对"｛｝"把语句块包含起来。

（13）变量与语句之间要添加一个空行；语句与语句之间要添加一个空行；方法与方法之间要添加两个空行。（注意，在本书，由于排版的需要，方法之间只添加了一个空行。）

（14）尽量不使用 this 关键字引用。

命名规范在编写代码中起到很重要的作用，可以很直观地了解代码所代表的含义，具体命名规范有：

（1）用 Pascal 规则来命名方法和类型，即类名或方法名的第一个字母必须大写，其后每个单词的第一个字母大写。

（2）用 Camel 规则来命名局部变量和方法的参数，即第一个字母小写，其后每个单词的第一个字母大写。

（3）接口的名称加前缀"I"。

（4）所有的成员变量前加前缀"_"。

（5）方法的命名，一般将其命名为动宾短语。

（6）所有的成员变量声明在类的顶端，用一个换行把它和方法分开。

（7）用有意义的名字命名空间 namespace，如公司名、产品名。

（8）使用某个控件的值时，尽量命名局部变量。

1.4 小结

本章的主要内容有：

（1）介绍了.NET的框架及.NET下应用程序的执行原理。

（2）介绍了 VS2022 的安装步骤。

（3）介绍了在 VS2022 中如何创建C#的控制台应用程序。

（4）介绍了在C#的控制台应用程序的架构及常用的命名空间。

（5）介绍了C#的编程规范。

道德与法治

案例：2022 年 2 月 1 日，裁判文书网公布"华夏银行盗窃案"判决书，被告人覃其胜案发前曾在华夏银行科技开发中心负责核心系统功能扩充和优化升级的技术需求分析、设计、开发等工作，这让覃其胜犯案有机可乘，利用其职务上的便利，其在北京市朝阳区环球金融中心华夏银行开发中心内，将其编写的"计算机病毒程序"植入华夏银行总行核心系统应用服务器，并通过该计算机病毒程序使其跨行 ATM 机取款的交易不能计入客户账户。被告人覃其胜通过其掌握的华夏银行卡多次跨行 ATM 机取款，从 2016 年 11 月 11 日起总共发生了 1 358 笔跨行 ATM 机取款交易未入账，金额合计 717.9 万元。法院认为：被告人覃其胜偷用他人账户进入华夏银行的核心系统植入漏洞、修改卡用户信息后，使其控制的特定银行卡夜间跨行 ATM 机取款不计入该卡账户；将取得的钱款用于个人理财、归还债务等，其行为系秘密窃取华夏银行股份有限公司的财物。考虑到覃其胜已退赔被害单位的经济损失，法院对其酌予从轻处罚。综上，根据被告人覃其胜犯罪的事实、犯罪的性质、情节以及对于社会的危害程度，依照《中华人民共和国刑法》规定，判决被告人覃其胜犯盗窃罪，判处有期徒刑 10 年 6 个月，罚金人民币 11 000 元，剥夺政治权利 2 年。

启示：作为一个程序员，编写程序的初衷是服务于社会、国家和人民，不仅要正确认识计算机程序设计过程中的准则和规范，同时还要遵循国家法律规范和社会道德准则。以"华夏银行盗窃案"为反例，程序员必须树立正确的程序设计理念，培养良好的职业道德。

1.5 上机实践——学生信息录入程序设计

实训目的：学会安装 VS2022 开发环境，会配置开发环境，了解创建控制台程序的方法和程序框架。

（1）安装 VS2022 开发环境。

（2）编写一个控制台应用程序，将学生的姓名和学号循环输入并打印出来。

推荐步骤：

Step1：打开 VS2022，操作过程如图 1－16 所示。按照本书 1.3.1 节所示的操作步骤，建立项目工程，选择C#模板中的控制台应用程序，并保存项目，将工程放在专用目录下，项目名称要求第一个字母大写，最好不要用默认的项目名称。

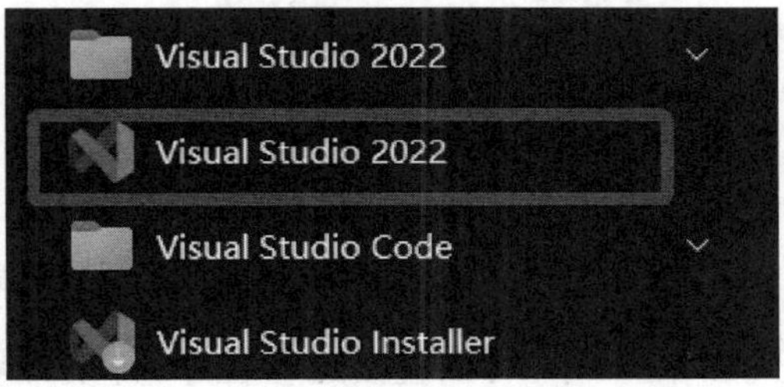

图 1－16 打开 VS2022

Step2：在 Main 函数体内输入代码，如图 1－17 所示。

```
using System;
using System.Collections.Generic;
using System.Linq;
using System.Text;
using System.Threading.Tasks;

namespace ConsoleApp1
{
    internal class Program
    {
        static void Main(string[] args)
        {
            string name, schoolNumber;
            Console.WriteLine("请输入姓名:");
            name = Console.ReadLine();
            while(name!="")
            {
                Console.WriteLine("请输入学号:");
                schoolNumber = Console.ReadLine();
                Console.WriteLine("我的名字叫" + name + "，是南京工业职业技术大学的学生。");
                Console.WriteLine("我的学号是:" + schoolNumber);
                Console.WriteLine("请输入姓名:");
                name = Console.ReadLine();
            }
        }
    }
}
```

图 1－17 输入程序代码

Step3：设置编程环境显示字体大小，操作过程如图 1－18、1－19。

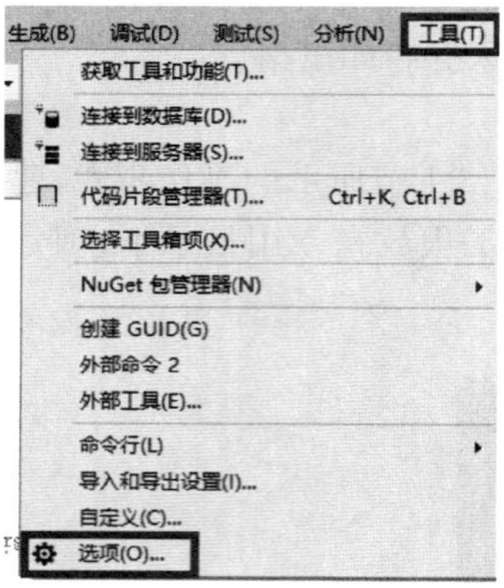

图 1-18 环境参数配置 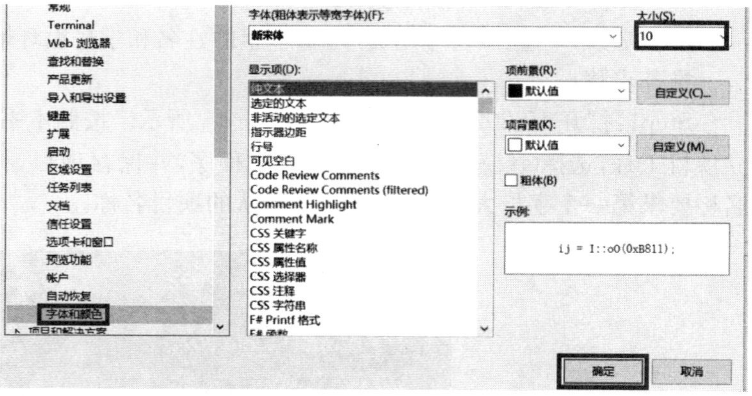　　　图 1-19 设置源码显示字体与字号

生成解决方案运行程序。在C#中,可以直接运行程序,开发环境会自动生成解决方案,操作过程如图1-20所示。

图 1-20 生成解决方案、运行程序

1.6 习题

方法、局部变量、成员变量和方法的参数的命名规则是什么?

第 2 章　C#语法基础

C#语法基础的主要内容有:变量和常量、数据类型及相互转换、运算符、表达式、条件语句(if 语句)、循环语句(for 语句、while 语句、do…while 语句、foreach 语句)、跳转语句(break语句、continue 语句)、数组及应用。

2.1　变量和常量

变量是用来存储特定类型的数据,在程序执行过程中可以根据需要修改存储的数据值。变量具有名称、类型和值三个特性。

常量与变量相似,也具有名称、类型和值三个特性,在定义常量时必须给常量赋值,且该常量的值在程序执行过程中是固定不变的。

在C#中规定,常量和变量均必须遵守先声明后使用的原则。

2.1.1　变量

变量在声明时可以给该变量赋值,此过程称为初始化,使用"="运算符给变量赋值,还可以在任何时候给变量赋值。

如:int age = 20;

(1)基本的变量命名规则如下:

① 变量名的第一个字符必须是字母、下划线或@(若第一个字符是@,第二个字符不能是数字)。

② 其余的字符可以是字母、下划线或数字。

③ 关键字不能用作变量名。

例如,正确的变量名:value,_str,@test 等。

不正确的变量名:@1234,88abcd,int,char 等。

(2)对局部变量要明确赋值,避免使用未初始化的变量。

下面的例子编译时会报错。

```
static void Main(string[] args)
{
    int count;
    Console.WriteLine("the count is:{0}",count);
}
```

错误信息:使用了未赋值的局部变量 count。

2.1.2 常量

常量是指在程序运行过程中不会改变的量。常量的值是在编译时确定的,且在程序的整个生命周期内保持不变。

在C#中,常量使用 const 关键字定义,语法如下:

const 数据类型 常量名 = value;

例如:

```
static void Main(string[] args)
{
        const int MAX = 1024;
        Console.WriteLine("The MAX is :{0}",MAX);
}
```

常量的名称通常使用大写字母或 PascalCase 命名规则,value 是常量的值,必须在声明时初始化。

常量的特点有:

(1)必须初始化:常量在声明时必须赋值。

(2)值不可更改:常量的值在声明后无法更改。

(3)编译时确定:常量的值只能在编译时就被写入程序中,在运行过程中不可赋值。

(4)静态特性:const 隐含为 static,因此常量属于类,而不是类的实例。可以通过类名直接访问常量。

(5)作用域:常量的作用域可以是局部的(定义在方法内部)或类级别的(定义在类内部)。

C#中的常量的类型有:整数常量、浮点常量、字符常量、字符串常量、枚举常量。在整数和浮点常量中,常量的后缀是不同的,后缀具体见表 2-1。

表 2-1 常量的后缀

类型	后缀	示例
int	无	$10,100,-10,-100$
uint	U 或 u	$10u,100U$
long	L 或 l	$10l,100L,-99999999L$
float	F 或 f	$1.0f,3.14F$
double	D 或 d 或无	$1.0,10d,3.14159$
decimal	M 或 m	$1000.00m,123456789.987654321M$

2.2 数据类型及相互转换

数据的类型决定了存储数据需要的内存大小,C#是强类型语言,即每一个对象或变量都要声明类型,编译器会检查对象的赋值类型是否正确。

C#的数据类型可分为两类:值(Value)类型和引用(Reference)类型:值类型直接存储数据值本身,而不是数据的引用。当将一个值类型变量赋值给另一个变量时,实际上是复制了一份数据给新的变量。值类型主要指基本数据类型、结构体(struct)、枚举(enum);引用类型存储的是数据的引用(即内存地址),而不是数据本身。当将一个引用类型变量赋值给另一个变量时,实际上是复制了一份引用,两个变量都指向同一个数据对象。对其中一个变量的修改会影响另一个变量。引用类型主要指类(class)、接口(interface)、委托(delegate)、数组(array)、字符串(string)。

2.2.1　值类型

在C#中,byte、short、int、long、float、double、decimal、char、bool 及 struct 这些数据类型均为值类型。值类型变量声明后不管是否已经赋值,编译器为其分配内存。C#中规定:所有的值类型均隐式派生自 Object 类。

在C#中,值类型的使用方法有一定的区别:

(1)值类型的局部变量

值类型局部变量是指在方法(即函数)内部定义的值类型变量,如果没有赋值初始化,则该变量的值是未知的,因此必须遵守对该变量先赋值后使用的原则,否则产生语法错误。

(2)值类型的成员变量

值类型的成员变量是指类中的值类型成员变量,在定义时可以不用显示赋值初始化,该变量会有一个默认值,值类型的成员变量的默认值如表2-2所示,直接使用不会产生语法错误。

表 2-2　主要值类型

类型	范围	字节	.NET	默认值
bool	true 或 false	1	system. Boolean	false
char	$0x0\sim0xffff$	2	system. Char	'\0'
sbyte	$-128\sim127$	1	system. Sbyte	0
byte	$0\sim255$	1	system. Byte	0
short	$-32768\sim32767$	2	system. Int16	0
ushort	$0\sim65535$	2	system. UInt16	0
int	$-2147483648\sim2147483647$	4	system. Int32	0
uint	$0\sim4294967295$	4	system. UInt32	0
long	$-9223372036854775808\sim9223372036854775807$	8	system. Int64	0L
ulong	$0\sim18446744073709551615$	8	system. Int64	0
float	$\pm1.5\times10^{-45}\sim\pm2.4\times10^{36}$	4	system. Single	0.0F
double	$\pm4.0\times10^{-324}\sim\pm1.7\times10^{328}$	8	system. Double	0.0D
decimal	$1.0\times10^{-28}\sim6.9\times10^{28}$	16	system. Deximal	0.0M

例如,未赋值的值类型局部变量使用,会产生语法错误。

```
int Add()
{
    int temp;
    temp ++;
    return temp;
}
```

在 C 语言中,对于 bool 类型而言,用非零表示真,用零表示假。而在C#中,关键字 bool 是 system.Boolean 的别名,bool 关键字声明的变量只能存储布尔值为 true 或 false。

例如,下列 if 语句在C#中是非法的,而在 C 语言中是合法的。

```
int var = 12;
if(var){
    //程序语句
}
```

编译时的错误信息:无法将类型 int 隐式转换为 bool。

2.2.2 引用类型

引用类型的变量又称为对象,可存储对实际数据的引用。常见的引用类型有 object、string、class、interface、delegate,在本节中先介绍 object 和 string 的引用类型,其他数据类型后续章节中详细介绍:

(1) object

object 类型是.NET框架中的 system.Object 的别名。可将任何类型的值赋给 object 类型的变量。C#中所有的数据类型均从 system.Object 类继承,无论是预定义的还是用户定义的。

(2) string

string 类型表示一个 Unicode 字符的字符串。string 是.NET 框架中的 system.String 的别名。

在C#中,可以"+"运算符连接 string 字符串;可以用"[]"运算符访问 string 中的每个字符;可以将其用双引号或用@定义字符串。

(3) string 数据类型的主要方法

① public int IndexOf(string value):该方法得到在指定字符串中从左往右查找参数 value 第一次出现的位置。如果参数 value 出现在指定字符串中,则返回从零开始的索引位置;如果未找到该字符串,则返回值为-1。

例如,已知指定字符串 strTest 变量中的内容为"This is a short string.",字符串 strFind 变量中的内容为"is",请从左往右查找 strFind 在 strTest 中第一次出现的位置,其代码如下:

```
String strTest = "This is a short string.";
string strFind = "is";
int index1 = strTest.IndexOf(strFind);
```

运行该段代码后,index1 的值为 2。

② public int LastIndexOf(string value):该方法得到指定字符串中从右往左查找参数 value 第一次出现的位置。如果参数 value 出现在指定字符串中,则返回从零开始的索引位置;如果未找到该字符串,则返回值为 −1。

例如,已知指定字符串 strTest 变量中的内容为"This is a short string.",字符串 strFind 变量中的内容为"is",请从右往左查找 strFind 在 strTest 中第一次出现的位置,其代码如下:

```
String strTest = "This is a short string.";
string strFind = "is";
int index1 = strTest.LastIndexOf(strFind);
```

运行该段代码后,index1 的值为 5。

③ public string Trim():该方法删除指定字符串开头和结尾处的所有空白字符,返回剩余的字符串。如果从当前实例无法删除字符,此方法返回未更改的字符串。

例如,已知指定的字符串 strTest 中的内容为" This is a short string. ",请编程,将该字符串首尾处的空字符删除,其代码如下:

```
string strTest = "  This is a short string.  ";
string strResult = strTest.Trim();
```

运行该段代码后,strResult 的值为"This is a short string."。

④ public string[] Split(params char[] separator):该方法使用参数 separator 将指定字符串拆分成为多个子字符串。

例如,已知指定的字符串 strTest 中的内容为"This is a short string.",请编程,使用字符's'将字符串 strTest 拆分成多个子字符串,其代码如下:

```
string strTest = "This is a short string.";
char delimiter = 's';
string[] substrings = strTest.Split(delimiter);
foreach(string str in substrings){
    Console.WriteLine(str);
}
执行结果为
Thi
 i
 a
hort
 string.
```

⑤ public string Substring(int startIndex):该方法从指定字符串中截取指定位置开始之后的所有字符组成一个新的字符串,返回该新的子字符串。

例如,已知指定的字符串 strTest 中的内容为"This is a short string.",请编程,将字符串 strTest 中截取从第 5 号位置开始的子字符串,其代码如下:

```
string strTest = "This is a short string.";
string strResult = strTest.Substring(5);
Console.WriteLine(strResult);
执行结果为
is a short string.
```

⑥ public string Substring(int startIndex,int length)：从此实例检索子字符串。子字符串从指定的字符位置开始且具有指定的长度。

例如，已知指定的字符串 strTest 中的内容为"This is a short string."，请编程，将字符串 strTest 中截取从第 5 号位置开始长度为 4 的子字符串，其代码如下：

```
string strTest = "This is a short string.";
string strResult = strTest.Substring(5,4);
Console.WriteLine(strResult);
执行结果为
is a
```

（4）string 数据类型的主要属性是 Length：获取当前 String 对象中的字符数。

【例 2-1】 字符串综合应用，使用 String 类的方法求字符串的长度，查找某个字符（字符串）所在的位置，将长字符串按每个规则分成几个子字符串。

Main 方法中的代码为：

```
static void Main(string []args)
{
        string strContent = "what ";
        strContent += "our name";
        Console.WriteLine("strContent 的长度为:"+ strContent.Length);
        Console.WriteLine("第一个空格的位置"+ strContent.IndexOf(' '));
        Console.WriteLine("最后一个空格的位置"+ strContent.LastIndexOf(' '));
        string[] str1 = strContent.Split(' ');
        Console.WriteLine(str1[0]);
        Console.WriteLine(str1[1]);
        Console.WriteLine(str1[2]);
}
运行结果为
strContent 的长度为:13
第一个空格的位置 4
最后一个空格的位置 8
what
our
name
```

2.2.3　数据类型转换

在 C#中，数据类型转换（conversion）是将一种数据类型变量中的值存放到另一种数据类型变量中的过程，数据类型转换有两类：隐式类型转换和显式类型转换。

隐式转换不需要编写代码就可以实现数据类型转换，由编译器自动进行转换。一般应用于将一个较小范围的数据类型转换为较大范围的数据类型。例如，从 int 到 long，从 float 到 double 等。

显式类型转换，即强制类型转换，必须由程序员明确指定转换类型，一般应用于将一个较大范围的数据类型转换为较小范围的数据类型时，或者将一个对象类型转换为另一个对象类型时，需要使用强制类型转换符号进行显式转换，强制转换可能会造成数据丢失。例如，将一个 int 类型的变量赋值给 short 类型的变量，需要显式转换。

```
short _short = 10;
int _int = 30;
_int = _short; //隐式转换
_short = _int; //错误，不能转换
```

编译器不能支持 int 到 short 的隐式转换，应改成：

```
_short =(short)_int; //显式转换
```

但若_int 的值超过 32767，数据将会被截断，但编译器不会报错。

在 C# 中，当值类型与 object 类型之间、引用类型与 object 类型之间进行数据类型转换时，需要使用 C#中的装箱和拆箱技术。

（1）装箱：装箱是一种隐式转换，是将值类型或引用类型转换为 object 类型，属于自动转换。

（2）拆箱：拆箱是将 object 类型变量中的数据强制转换为原来的数据类型，它是装箱的逆过程。

以下代码说明了先装箱后拆箱的过程：

```
int i = 20;
object obj = i;      //装箱
int j = (int)obj;  //拆箱
```

为了保证拆箱成功，必须知道被拆箱的变量值原来的数据类型，否则拆箱操作会产生异常。

如：short j = (short)obj; //拆箱

由于 obj 是对 int 类型变量 i 的装箱，而在拆箱的时候却被转换为 short 类型，因此代码在运行时会抛出异常（出错）。

【例 2-2】　装箱与拆箱综合应用

Main 方法的代码为

```
static void Main(string []args)
{
        int i = 100; //声明一个 int 类型的变量 i,并初始化为 100
        object obj = i; //执行装箱操作
        Console.WriteLine("装箱操作:值为{0},装箱之后对象为{1}", i, obj);
        i = 10;
        int j = (int)obj; //执行拆箱操作
        Console.WriteLine("拆箱操作:值为{0},装箱对象为{1},值为{2}", i,obj, j);
}
运行结果为
装箱操作:值为 100,装箱之后对象为 100
拆箱操作:值为 10,装箱对象为 100,值为 100
```

2.2.4 Convert 类

Convert 类提供了很多方法用于基本数据类型之间的显示转换,在使用 Convert 类进行数据类型处理时可能会产生异常。如果将一个字符串"abc"用 Convert.ToInt16()来转换成 short 类型,执行时会引出异常。

Convert 用于转换的方法成员列表如表 2-3 所示。

表 2-3 Convert 用于转换的方法

命令	说明
Convert.ToBoolean(var)	将 var 值转换为等效的布尔值
Convert.ToChar(var)	将指定的值转换为 Unicode 字符
Convert.ToDecimal(var)	将指定值转换为 Decimal 类型数字
Convert.ToDouble(var)	将指定值转换为双精度浮点数字(double)
Convert.ToSignal(var)	将指定值转换为单精度浮点数字(float)
Convert.ToSbyte(var)	将指定值转换为 8 位有符号整数(sbyte)
Convert.ToInt16(var)	将指定值转换为 16 位有符号整数(short)
Convert.ToInt32(var)	将指定值转换为 32 位有符号整数(int)
Convert.ToInt64(var)	将指定值转换为 64 位有符号整数(long)
Convert.ToByte(var)	将指定值转换为 8 位无符号整数(byte)
Convert.ToUint16(var)	将指定值转换为 16 位无符号整数(ushort)
Convert.ToUint32(var)	将指定值转换为 32 位无符号整数(uint)
Convert.ToUint64(var)	将指定值转换为 64 位无符号整数(ulong)
Convert.ToString(var)	将指定值转换为等效的 string 表示形式

如果在转换中由于丢失了某些最低有效位而导致精度降低,不会产生异常,但是如果结果超出了转换返回类型所能表示的范围,则会引发溢出异常。

使用 Convert 类将数据在十进制和十六进制之间转换示例如下：

```
int num = 168;//示例 10 进制字符串
string hexString = Convert.ToString(num, 16).ToUpper();//指定基数为 16,且将小写字母
变成大写字母
Console.WriteLine(hexString);//输出:A8
```

```
string hexString = "A8";//示例 16 进制字符串
int num = Ccnvert.ToInt32(hexString,16);//指定基数为 16
Console.WriteLine(num);//输出:168
```

2.2.5　异常处理

在应用程序执行过程中,由于用户不熟悉操作或者其他原因,经常会导致程序无法正常运行甚至突然终止,即产生异常。在C#语言中,使用异常（Exception）类及子类来处理异常问题,使用这些类编写的异常处理程序可以保证应用程序的继续运行而不显示用户无法识别的信息,体现了应用程序的友好性。

（1）异常类简介

在C#中,如果应用程序在运行过程中出现了异常错误,就会创建异常对象,大多数异常对象都是C#提供的异常类的实例。

在C#中,System.Exception 类是异常类的基类,它派生于 System.Object,其他异常类都是从 System.Exception 类派生出来的。C#异常类的层次结构（该层次结构未穷尽所有的异常类）如图 2-1 所示。

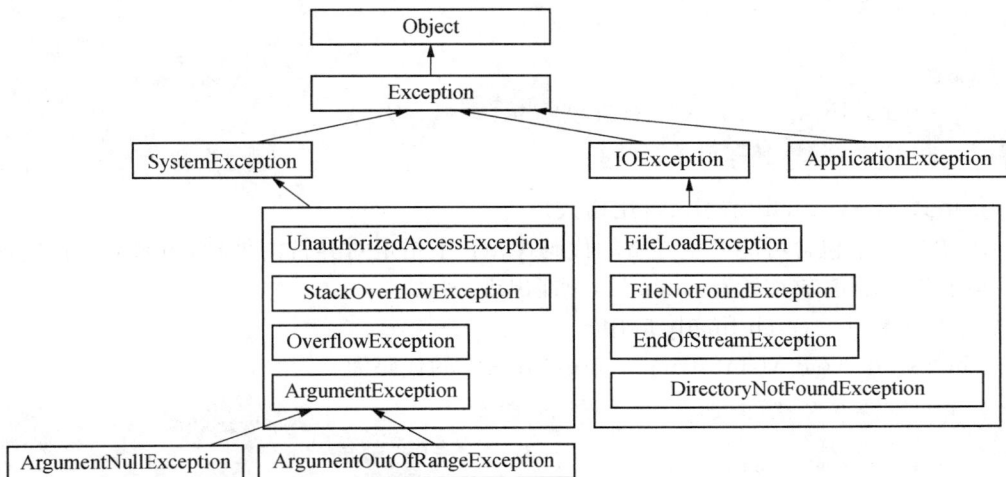

图 2-1　异常类的层次结构示例

System.Exception 及其子类提供了若干用于解决程序异常的属性,使用最多的是Message 属性提供的有关异常的详细信息。

在使用异常类时,一般应该使用能够提供准确错误信息的异常子类。但若不知道能提

供准确信息的异常类,可以使用其父类甚至 System.Exception 类。

（2）异常捕获及处理

在C#中,捕获异常及处理常用的有四种语句,即 try-catch、try-finally、try-catch-finally 和 throw 语句。

① 格式 1:try-catch 语句

一般而言,应将所有可能会产生异常的代码放在 try 语句块中,将所有用于对处理异常的代码放在 catch 语句块中。

【例 2 - 3】   try-catch 语句应用

public static void Main(string []args)方法中的代码为

```
try{
    int b = int.Parse("abc");
}
catch (FormatException ex){
    Console.WriteLine(ex.Message);//打印出与异常相关的信息
}
```

② 格式 2:try-finally 语句

try 语句块包含可能产生异常的代码,finally 中指定最终都要执行的语句块,在该格式中,只捕获异常但不处理异常。

【例 2 - 4】   try-finally 语句应用

public static void Main(string []args)方法中的代码为

```
try{
    int b = int.Parse("abc");
}
finally{
    Console.WriteLine("执行结束");
}
```

③ 格式 3:try-catch-finally(常用格式)

try 语句块中包含可能产生异常的代码,catch 中指定对异常的处理,finally 中指定最终都要执行的子语句,放在所有 catch 后,只能出现一次。

【例 2 - 5】   try-catch-finally 应用

public static void Main(string []args)方法中的代码为

```
try{
    int b = int.Parse("abc");
}
catch (FormatException ex){
    Console.WriteLine(ex.Message);
}
finally{
```

```
        Console.WriteLine("执行结束");
    }
```

④ throw 语句

当在本程序段中产生了一个异常，但又不想在本程序段中处理该异常，可以使用 throw 语句抛出异常，将该异常传递给上层的异常处理程序来处理本异常，throw 引发的异常称为显示引发异常。

【例 2-6】　throw 语句应用

public static void Main(string []args)方法中的代码为

```
try{
    int b = int.Parse("abc");
    string str = null;
    if (str = = null){
        ArgumentException ex = new ArgumentNullException();
        throw ex;
    }
}
catch (ArgumentException ex)  {
    Console.WriteLine(ex.Message);
}
finally{
    Console.WriteLine("执行结束");
}
```

2.3　运算符和表达式

表达式是由运算符和操作数组成的。运算符规定了对操作数的运算法则，例如：+、-、*和/都是运算符；操作数包括文本、常量、变量和表达式等。

2.3.1　运算符的类别

在C#中运算符一般可分为：特殊运算符、算术运算符、关系运算符、逻辑运算符、条件运算符?（也称为三目运算符）、赋值运算符、位运算符等几类。

（1）常用特殊运算符

① []方括号运算符：用于数组、索引器、属性、指针。

② ()括号运算符：用于指定表达式中的运算顺序。

③ .点运算符：用于成员访问，点运算符指定类型或命名空间的成员。

（2）算术运算符

算术运算符主要是指加、减、乘、除等运算符，具体如表 2-4 所示。

表 2 - 4　算术运算符

运算符	说明	表达式	C#示例
+	加法(字符串连接符)	操作数 1+操作数 2	a + b;
-	减法运算	操作数 1-操作数 2	5 - 1;
*	乘法运算	操作数 1 *操作数 2	5 *3;
/	除法运算	操作数 1 /操作数 2	x / y;
%	模数,除法运算后的余数	操作数 1 %操作数 2	n %7;

（3）自增、自减运算符

自增运算符"++"将操作数加1,自减运算符"--"将操作数减1。"++"和"--"运算符分别有两种用法,其中的含义不同。如:"x = i ++";"x =++ i";"i ++"中的运算符"++"放置在变量的后面,称为"后置++"。"++ i"中的运算符"++"放置在变量的前面,称为"前置++"。同理,"i --"和"-- i"分别为"后置--"和"前置--"运算。

后置和前置的区别是"后置先使用后自增/减,前置先自增/减后使用",它们的返回值不同,自增、自减运算对应说明分析如表 2 - 5 所示。

表 2 - 5　自增、自减运算符

含义	语句	等价语句	返回值	执行后变量值
后置自增	i ++;	i = i + 1;	原值	原值+ 1
后置自减	i --;	i = i - 1;	原值	原值- 1
前置自增	++ i;	i = i + 1;	原值+ 1	原值+ 1
前置自减	-- i;	i = i - 1;	原值- 1	原值- 1

（4）关系运算符

关系运算符表达式的结果为逻辑值,结果为真则为 true 否则为 false。关系运算符一般常用在判断语句或循环语句中。关系运算符如表 2 - 6 所示。

表 2 - 6　关系运算符

关系运算符	说明	示例	优先级
<	小于	2 < 5	1
>	大于	5 > 2	1
<=	小于等于	x <= 26	1
>=	大于等于	x >= 10	1
==	等于	5 ==(2 + 3)	2
!=	不等于	2 != 5	2

（5）逻辑运算符

C#中的逻辑运算符如表 2 - 7 所示。

表 2-7　逻辑运算符

运算符	表达式	说明
!	!操作数	逻辑非运算
&&	操作数 1&& 操作数 2	逻辑与运算
‖	操作数 1 ‖操作数 2	逻辑或运算

（6）条件运算符?:

条件运算符"?:"是三目运算符,等价于条件语句的二分支语句,格式如下:

```
condition ? expression1 : expression2;
```

如果条件 condition 为 true,则该语句的结果为 expression1 的值;结果为 expression2 的值。

【例】　float x = 1.2f; s = x == 0.0 ? Math.Sin(x) / x : 1.0; 执行完这两个语句后,s 的值为 1.0.

（7）赋值运算符

赋值运算符,给变量赋值。C#中的赋值运算符如表 2-8 所示。

表 2-8　赋值运算符

赋值	表达式	等价于	结果(初始值 X = 10,Y = 2)
=	X = 10	X = 10	10
+=	X += 2	X = X + 2	12
-=	X -= 2	X = X - 2	8
*=	X *= 2	X = X * 2	20
/=	X /= 2	X = X / 2	5
%=	X %= 2	X = X % 2	0
&=	X &= Y	X = X & Y	2
| =	X |= Y	X = X | Y	10
^=	X ^= Y	X = X ^ Y	8
<<=	X <<= Y	X = X << Y	40
>>=	X >>= Y	X = X >> Y	2
??	Z = X ?? Y	Z = X(X 非空,否则为 Y)	10

（8）位运算符

位运算符的操作数是整型时,将数据换算为二进制数后再按位进行运算,C#中的位运算符如表 2-9 所示。

表 2 - 9　位运算符

位运算符	说明	示例	优先级
~	按位取反	~ 9	1
&	按位与	9 & 2	2
^	按位异或	9 ^ 2	3
|	按位或	9 | 2	4
<<	左移	9 << 2	5
>>	右移	9 >> 2	5

① ~取补运算:取补(~,位逻辑非)运算对操作数的每一位取补,例如:

10 的二进制表示:00001010,取补运算的结果:11110101

十进制结果(若高位为 1 是负数,后面取反+1 为 11):- 11

② &与运算符:操作数按二进制位进行与运算,与运算规则为:

0 & 0 = 0 　　 0 & 1 = 0 　 1 & 0 = 0 　 1 & 1 = 1

【例】 2 & 10。2 的二进制为:00000010,10 的二进制为:00001010,则计算过程为:

```
      0  0  0  0  0  0  1  0
  &   0  0  0  0  1  0  1  0
  ────────────────────────────
      0  0  0  0  0  0  1  0
```

运算的结果:00000010,所以,2 & 10 的结果为 2。

③ ^异或运算:操作数按二进制位进行异或运算,异或运算规则为:

0 ^ 0 = 0 　 0 ^ 1 = 1 　 1 ^ 0 = 1 　 1 ^ 1 = 0

【例】 2 ^ 10。2 的二进制为:00000010,10 的二进制为:00001010,则计算过程为:

```
      0  0  0  0  0  0  1  0
  ^   0  0  0  0  1  0  1  0
  ────────────────────────────
      0  0  0  0  1  0  0  0
```

运算的结果:00001000,所以,2 ^ 10 的结果为 8。

④ |或运算:操作数按二进制位进行或运算,或运算规则为:

0 | 0 = 0 　 0 | 1 = 1 　 1 | 0 = 1 　 1 | 1 = 1

【例】 2 | 10。2 的二进制为:00000010,10 的二进制为:00001010,则计算过程为:

```
      0  0  0  0  0  0  1  0
  |   0  0  0  0  1  0  1  0
  ────────────────────────────
      0  0  0  0  1  0  1  0
```

运算的结果:00001000,所以,2 | 10 的结果为 10。

⑤ << 左移运算:移运算将操作数按位左移<< ,高位(最左边位)被丢弃,低位(最右边位)顺序补 0。相当于乘 2 运算,必要时要考虑进位问题。

【例】　uint8_t x = 10;x <<= 4;　10 的二进制为:00001010,则计算过程为:

① x <<1;的结果为:0001,0100(0x14);

② x <<2;的结果为:0010,1000(0x28);

③ x <<3;的结果为:0101,0000(0x50);

④ x <<4;的结果为:1010,0000(0xA0);

⑥>>右移运算:右移运算将操作数按位右移>>,低位被丢弃,高位顺序补 0。相当于除 2 运算。

【例】　uint8_t x = 0xAB;x>> = 4;　0xAB 的二进制为:10101011,则计算过程为:

① x>> 1;的结果为:0101,0101(0x55);

② x>> 2;的结果为:0010,1010(0x2A);

③ x >>3;的结果为:0001,0101(0x15);

④ x >>4;的结果为:0000,1010(0x0A);

2.3.2　运算符的优先级

当表达式包含一个以上的运算符时,程序会根据运算符的优先级进行运算。优先级高的运算符会比优先级低的运算符先被执行,在表达式中,可以通过括号()来调整运算符的运算顺序,当程序开始执行时,括号()内的运算符会被优先执行。

表 2 - 10 列出了所有运算符从高到低的优先级顺序。

2.4　语句

语句是程序的重要构成部分,C#语言中的语句与 C 语言中基本类似,主要有条件语句、循环语句、跳转语句。

2.4.1　条件语句

条件语句用于根据某个表达式的值从若干条语句中选择一个来执行。C#语言中的条件语句包括 if 语句和 switch 语句两种。

(1) if 语句

C#语言中的 if 语句跟 C 语言中的 if 语句相似,有以下几种格式:

① 格式 1,一种选择结果:其格式如下:

```
if(布尔表达式) {
    [语句块]
}
```

该 if 语句执行流程是:当布尔表达式的值是 true 时,才执行语句块;否则跳过 if 语句,执行其他程序代码。

表 2 - 10　运算符的优先级顺序

分类	运算符	优先级顺序
基本	x.y、f(x)、a[x]、x ++、x --、new、typeof、checked、unchecked	高
一元	+、-、!、~、++、--、(T)x	
乘除	*、/、%	
加减	+、-	
移位	<<、>>	
比较	<、>、<=、>=、is、as	
相等	==、!=	
位与	&	
位异或	^	
位或	|	
逻辑与	&&	
逻辑或	||	
条件	?:	
赋值	=、+=、-=、* =、/=、%=、&=、|=、^=、<<=、>>=	低

② 格式 2,两种选择结果,其格式如下:

```
if(布尔表达式){
    [语句块 1]
}
else{
    [语句块 2]
}
```

该格式的 if 语句执行流程是:首先判断布尔表达式的值是否为 true,如果布尔表达式的值为 true,则语句执行语句块 1;如果布尔表达式的值为 false,语句就会执行 else 子句的语句块 2。

③ 格式 3,if 语句嵌套

当程序的条件判断式不止一个时,可能需要一个嵌套式的 if...else 语句,嵌套的位置或是在 if 语句部分,或是在 else 语句部分。其基本格式如下:

```
if(布尔表达式){
    if(布尔表达式){
        [语句块 1]
    }
    else{
        [语句块 2]
```

```
        }
    }
    else{
        if(布尔表达式){
            [语句块 3]
        }
        else{
            [语句块 4]
        }
    }
```

【例 2 - 7】 if 语句的综合使用

static void Main(string[] args)方法中的代码为

```
int scores = 0;

Console.WriteLine("请输入成绩:");
scores = Convert.ToInt32(Console.ReadLine());

if (scores < 60){
    Console.WriteLine("没有及格");
}
else{
    if(scores < 70){
        Console.WriteLine("及格");
    }
    else{
        if (scores < 80){
            Console.WriteLine("中");
        }
        else{
            if (scores < 90){
                Console.WriteLine("良");
            }
            else{
                Console.WriteLine("优");
            }
        }
    }
}
运行结果为
请输入成绩:
```

75
中

（2）switch...case 语句

switch 语句类似于 if...else 语句,也是条件选择语句,但 switch 语句用于处理多个可能性。当某个变量的结果有 3 个及以上时,优先使用 switch...case 语句。

switch...case 语句的语法:

```
switch(变量或表达式){
    case 常数表达式 1:
        语句;
        break;
    case 常数表达式 2:
        语句;
        break;
    ...
    case 常数表达式 n:
        语句;
        break;
    default:
        默认的处理语句;
        break;
}
```

【例 2-8】 switch...case 语句综合应用
static void Main(string[] args)方法中的代码为

```
int number = 0;
Console.WriteLine("数字");
number = Convert.ToInt32(Console.ReadLine());
switch (number){
    case 1:
        Console.WriteLine("红");
        break;
    case 2:
        Console.WriteLine("绿");
        break;
    case 3:
        Console.WriteLine("蓝");
        break;
    default:
        Console.WriteLine("请输入数据 1- 3");
        break;
```

```
}
运行结果为
数字
2
绿
```

2.4.2　循环语句

C#中常见的循环语句有 for 语句、while 语句、do…while 语句和 foreach 语句，其中 for 语句、while 语句、do…while 语句与 C 语言中的相似：

（1）for 语句

for 语句用于计算一个初始化序列，然后当某个条件为真时，重复执行嵌套语句并计算一个迭代表达式序列。如果为假，则终止循环，退出 for 循环。

for 语句的基本形式如下：

```
for([初始化表达式];[条件表达式];[迭代表达式]){
    [语句块];
}
```

【例 2-9】　for 语句应用
static void Main(string[] args)中的代码为

```
for (int i = 0; i < 10; i++){
    Console.Write (i +"\ t");
}
运行结果为
0  1  2  3  4  5  6  7  8  9
```

【例 2-10】　设计一个程序，找出 0～100 之间的偶数，并按每行 10 个的方式打印出来。
编程思想：① 偶数的定义：能被 2 整除的数定义为偶数；② 每找到一个偶数，在同一行中打印该偶数且偶数计数器加 1，若计数器达到 10，则换行。
static void Main(string[] args)中的代码为

```
int count = 0; //偶数计数器
  for (int i = 0; i <= 100; i++){
        if (i % 2 == 0){
            Console.Write(i + "\ t");
            count++;
            if (count == 10){
                count = 0;
                Console.WriteLine();
            }
```

```
        }
    }
```

运行结果如图 2-2 所示。

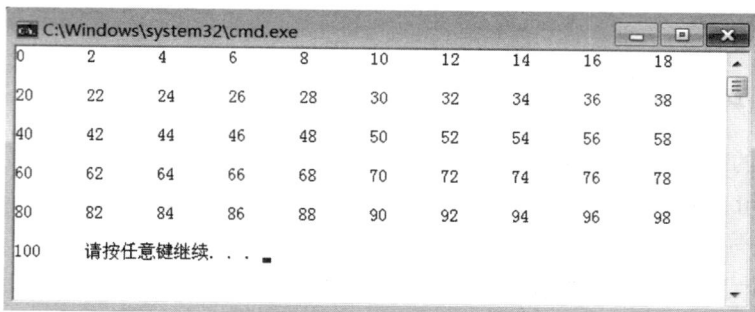

图 2-2　找到的偶数

【例 2-11】　设计一个程序,找出 0~100 之间的质数,并按每行 5 个的方式打印出来。
编程思路:① 质数的定义:除了 1 和它本身外,没有其他约数,这样的数定义为质数;
② 对每一个数,找到一个约数,约数计数器加 1,找完所有约数后,判断约数的个数,若约数
为 2,则该数为质数;③ 找到一个质数,在同一行打印该质数且质数计数器加 1,若质数计数
器到 5,则要换行。
static void Main(string[] args)中的代码为

```
int prime_count = 0;//质数计算器
int divisor_count = 0;//约数计数器
for (int i = 1; i <= 100; i ++){
    for (int j = 1; j <= i; j ++){//找从 1 到被除数本身的约数的个数
        if (i % j == 0){
            divisor_count ++;
        }
    }
    if (divisor_count == 2){//若约数的个数为 2,表示是一个质数
        Console.Write(i + "\ t");
        prime_count ++;

        if (prime_count == 5){//若已找到 5 个质数,则计数值清零并换行
            prime_count = 0;
            Console.WriteLine();
        }
    }
    divisor_count = 0;
}
```

运行结果如图 2-3 所示。

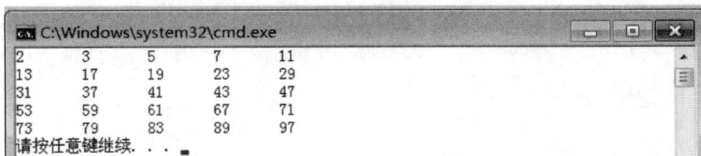

图 2-3　找到的质数

【例 2-12】　设计一个程序,打印出图 2-4 所示的九九乘法表。

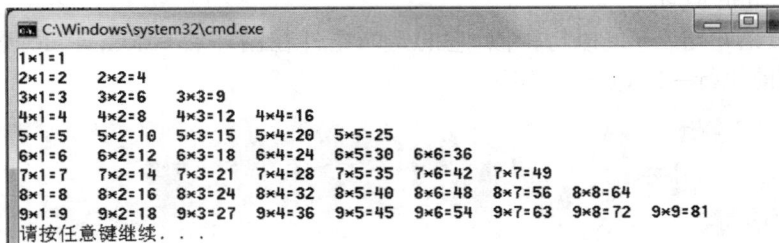

图 2-4　九九乘法表

　　编程思想:观察图 2-4 中行和列的规律,可以得到:① 每行乘法个数与行号相同; ② 每行的每个乘法的第一个乘数与行号相同,每行最后一个乘法的第二个乘数与列号相同。

　　static void Main(string[] args)中的代码为

```
for (int i = 1; i <= 9; i ++){//行,第一个乘数
    for (int j = 1; j <= i; j ++){//列,第二个乘数,多 1 到行号
        Console.Write("{0} *{1}={2}\ t", i, j, i * j);
    }
    Console.WriteLine();
}
```

　　(2) while 语句

　　while 语句用于根据条件值执行循环体中的语句块零次或多次,当条件值为 true 时,执行循环体中的语句块,否则直接执行循环体外的语句。当执行完循环体中的语句块最后一条语句后,重新判断条件值是否为 true,若为 true 则再次执行相同的程序代码;否则跳出 while 语句,执行循环体外的语句。

　　while 语句的基本格式如下:

```
while ([布尔表达式]){
    [循环块];
}
```

【例 2-13】　while 语句应用

　　static void Main(string[] args)中的代码为

```
int count = 0;
while (count < 10){
    Console.Write(count +"\ t");
    count ++;
}//循环输出 0~ 9 的数字
```

运行结果为

0 1 2 3 4 5 6 7 8 9

（3）do...while 语句

do...while 语句与 while 语句相似,它的判断条件在循环后。do...while 循环会在计算条件表达式之前执行一次,其语法如下：

```
do{
    [循环块];
}while([布尔表达式]);
```

【例 2 - 14】 do...while 语句应用

static void Main(string[] args)方法中的代码为

```
int i = 0;
int[] myArray ={ 0,1,2,3,4 };
do {
    Console.Write(myArray[i] + "\ t") ;
    i ++;
} while (i < 5);

Console.ReadLine();
```

运行结果为

0 1 2 3 4

（4）foreach 语句

foreach 语句用于遍历一个集合的所有元素,其基本语法为：

```
foreach([类型][迭代变量名]in[集合类型表达式]){
    语句块;
}
```

其中,迭代变量名的类型必须与集合类型相同,否则会出现异常。

foreach 语句可以用于循环访问数组中的元素。

【例 2 - 15】 foreach 语句应用

static void Main(string[] args)方法中的代码为

```
int[] arr = { 1,2,3,4,5 };//定义一个一维数组,并为其赋值
foreach (int n in arr){//使用 foreach 语句循环遍历一维数组中的元素
```

```
        Console.Write("{0}",n +"\ t");
}

Console.ReadLine();
```
运行结果为
1 2 3 4 5

2.4.3 跳转语句

C#语言中的跳转语句有 break 语句、continue 语句、goto 语句和 return 语句,他们的使用方法与 C 语言中的使用方法相似:

(1) break 语句

break 语句只能出现应用在 switch、while、do...while、for 和 foreach 语句中,否则会出现编译错误。

(2) continue 语句

continue 语句只能应用于 while、do...while、for 和 foreach 语句中,用来忽略循环语句块内位于 continue 语句后面的代码而直接开始一次新的循环。

(3) goto 语句

goto 语句用于将控制转移到由标签标记的地方,建议不要使用 goto 语句。

(4) return 语句

return 语句用于退出类的方法,如果该方法有返回类型,return 语句必须返回这个类型的值;如果方法没有返回类型,应使用没有表达式的 return 语句。

2.5 数组及应用

数组将若干相同类型的数据放在一起,通过索引(序号)访问数组中的每一个数据。数组中每一个数据称为元素,数组能够容纳元素的数量称为数组的长度。数组中的每个元素都具有唯一的索引与其相对应,数组元素的索引从零开始。

C#中声明数组的方式与 C 语言中相似,但也有一些细微的差别。

(1) 在声明数组时,[]是应该放在数组名的左边,即:int [] myArray,而不是 int myArray[];

(2) 在C#语言中,可以声明一个任意长度的数组,然后再指定数组长度,通过 new 关键字创建数组或对数组赋值进行创建:

```
int [] myArray;
myArray = new int [100];
而不是 int [100] myArray;   //错误的语句
```

2.5.1 一维数组

（1）声明

一维数组的声明语法为：数据类型 [] 数组名；

具体定义方法有以下 4 种：

```
int [] myArray = new int[10]{0,1,2,3,4,5,6,7,8,9};
int [] myArray = new int[ ]{0,1,2,3,4,5,6,7,8,9};
int [] myArray = {0,1,2,3,4,5,6,7,8,9};//最常用的一种形式
int [] myArray = new int[10];
```

（2）访问数组

一维数组的访问类似 C 语言中对一维数组的访问，如下：

```
int [] myArray ={0,1,2,3,4,5,6,7,8,9};
myArray[2]= 100;//给下标为 3 的元素赋值
```

（3）数组的属性：Length，用于计算数组中存储的数据的实际个数。

（4）数组的遍历

可以使用 for、foreach 等语句对数据进行遍历操作。

【例 2-16】 一维数组的综合应用

Main 方法的代码为

```
static void Main(string[] args){
    int []myArr = { 1,2,3, 4,5,6,7,8,9,10 };//定义一个一维数组,并为其赋值
    int sum = 0;

    for(int i = 0;i < myArr.Length;i ++){//建议使用 Length 属性求数组的长度
        sum += myArr [i];
    }
Console.WriteLine("数组中的数据之和为:"+ sum);
 }
运行结果为
数组中的数据之和为:55
```

2.5.2 二维数组

（1）声明

二维数组的声明语法为：type [,] arrayName；

具体定义方法有以下 4 种：

```
int [,] myArr = new int[2,4]{{0,1,2,3},{4,5,6,7}};
int [,] myArr = new int[]{{0,1,2,3},{4,5,6,7}};
```

```
int [,] myArr = {{0,1,2,3},{4,5,6,7}};//最常用的一种形式
int [,] myArr = new int[2,4];
```

（2）访问数组

二维数组的访问类似 C 中对二维数组的访问，如：

```
myArr[1,0]= 100;//将数组第二行第一列元素赋值为100。
```

2.5.3　数组应用

【例 2－17】　二维数组的综合应用：将一个二维整数数组的每一个元素进行如下的处理：如果元素是正数，则将这个位置的元素的值加 2；如果元素是负数，则将这个位置的元素的值减 2；如果元素是 0，则不变。

Main 方法的代码为

```
static void Main(string[] args){
    int[,] arr = { { 0, 1, - 2 }, { 3, - 4, 5 }, { 6, - 7, 8 } };
    //定义一个二维数组,并为其赋值
    for (int i = 0; i < arr.Length; i ++){//通过一个 for 循环,对数组中的每个元素进行判断
      if (arr[i / 3, i % 3] > 0) {//获取数组的每个元素所在的行列号
         arr[i / 3, i % 3] += 2;
      }
      else if(arr[i / 3, i % 3] < 0){
           arr[i / 3, i % 3] -= 2;
      }
   }
   foreach (int element in arr){//通过一个 foreach 循环,对数组中的每个新元素进行输出
        Console.Write(element +"\ t");
   }
}
运行结果为
0  3  - 4  5  - 6  7  8  - 9  10
```

注：由结果可以看出，在多维数组中，foreach 循环对元素的处理次序是最右边的索引号最先递增。当索引从 0 到长度减 1 时，开始递增它左边的索引，右边的索引被重置成 0。

【例 2－18】　冒泡排序：将一个数组中的元素按照从小到大的顺序进行排列。

Main 方法的代码为

```
static void Main(string[] args){
    int[] nums = { 9,8,7,6,5,4,3,2,1,0 };//定义一个一维数组,并为其赋值
    for (int i = 0; i < nums.Length - 1; i ++){
        for (int j = 0; j < nums.Length - 1 - i; j ++){
```

```
            if (nums[j] > nums[j + 1]){//将数组中的每个元素逐一与后续元素进行比较
                int temp = nums[j];
                nums[j] = nums[j + 1];
                nums[j + 1] = temp;
            }
        }
    }
    foreach (int i in nums){
        Console.Write(i +"\ t");
    }
}
```

运行结果为
0 1 2 3 4 5 6 7 8 9

注：上述 Main 方法的代码中整个 for 大循环可以直接用"Array.Sort(nums);"对数组进行升序排列，同理"Array.Reverse(nums);"可对数组进行倒序排列。

2.6　小结

在本章中主要学习了以下内容：
（1）介绍了 C#中的变量和常量。
（2）介绍了 C#中的数据类型及相互转换。
（3）介绍了 C#中的运算符和表达式。
（4）介绍了 C#中语句格式。
（5）介绍了 C#中数组的基本概念以及常见的两种的格式。

拼搏精神

案例：自改革开放起，我国孕育了无数软件企业、诞生了许多软件英雄，而中国软件产业也在经历了萌芽与低谷、摸索与转型之后，开始走向世界。随着近年来科技的发展，软件行业在国民经济中所占比重逐年上升：2013—2022 年，软件行业收入占我国 GDP 的比重从5.14%上升至 7.24%，2020 前三季度软件行业收入占我国 GDP 的比重为 8.08%，软件行业在国民经济中的地位日益重要。

近几年来，我国软件和信息技术服务业运行态势良好，收入和效益保持较快增长，吸纳就业人数稳步增加；产业向高质量方向发展步伐加快，结构持续调整优化，新的增长点不断涌现，服务和支撑两个强国建设能力显著增强，正在成为数字经济发展、智慧社会演进的重要驱动力量。2022 年，全国软件和信息技术服务业规模以上企业超过 4 万家，累计完成软件业务收入 71 768 亿元，同比增长 15.4%。2020 年前三个季度，我国软件业完成软件业务收入 58 387 亿元，同比增长 11.3%。

近年来，我国软件行业各细分市场发展形势呈现出全部上涨的局面，即软件产品、信息技术服务、信息安全产品和嵌入式系统软件收入市场规模都出现了增长。

具体来看,信息技术服务保持领先,产业继续向服务化、云化演进。2020 年前三季度,信息技术服务实现收入 35 162 亿元,在全行业收入中占比为 60.2%,在软件行业中占据绝对主导地位。其中,大数据服务收入 1 530 亿元;集成电路设计收入 1 562 亿元;云服务收入 1 453 亿元;电子商务平台技术服务收入 6 028 亿元。信息安全产品和服务收入稳步增加。2020 年前三季度,信息安全产品和服务共实现收入 959 亿元,占全行业收入的 1.7%。嵌入式系统软件已成为产品和装备数字化改造、各领域智能化增值的关键性带动技术。2020 年前三季度,嵌入式系统软件实现收入 6 365 亿元,占全行业收入比重为 10.9%。

启示:随着中国工业化进程的加快及产业结构不断升级,信息产业已逐渐成为推动国民经济发展和促进全社会生产效率提升的强大动力,是国民经济支柱产业之一。其中,软件产业作为国家的基础性、战略性新兴产业,受国家重点支持和鼓励,其行业收入占 GDP 比重也进一步提升。但是在软件产业发展模式上,和美国以及日本相比,我国的程序设计能力薄弱,尚不足以设计出可以和国外优秀软件公司匹敌的软件产品,市场竞争力相对薄弱。与印度、爱尔兰、以色列等国家相比,我国软件国际化政策导向不明显、不清晰、不强烈,软件出口比重小。作为未来的程序员,应认识到随着技术的不断进步与创新,未来软件行业技术将呈现网络化、服务化、智能化、平台化以及融合化的发展趋势,应树立宏伟的志向,能以"振兴民族软件业"为己任,力争成为中国软件业的"旗手"。

2.7　上机实践——ModBus RTU 协议

实训目标:学会使用C#的调试工具跟踪调试程序的运行过程,使用"局部变量"窗体和"即时"窗体观察变量。

(1) 循环冗余检查(CRC)是数据通信领域中最常用的一种查错校验码,其特征是信息字段和校验字段的长度可以任意选定。CRC 是一种数据传输检错功能,对数据进行多项式计算,并将得到的结果附在帧的后面,接收设备也执行类似的算法,以保证数据传输的正确性和完整性。

上位机须按照 MODBUS 协议的命令格式发送数据(包括计算的 CRC 值),从机才能正确辨识数据。若无 CRC 值,从机将返回含有错误号的应答包,不会得到正确结果。标准的做法,发送前计算 CRC 值并一起发送,接收后也计算 CRC 值并与接收的校验码对比是否相等,以辨别数据是否准确。

生成一个 CRC-16 校验数据的步骤为:

① 预置一个 16 位变量 CRC 为 0FFFFH(全 1)。

② 把数据帧中的第一个 8 位字节与 CRC 变量中的低字节进行异或运算,结果存回 CRC 变量。

③ 将 CRC 变量向右移一位,最高位填以 0,最低位移出并检测。

④ 如果最低位为 0:重复第 3 步(下一次移位)。如果最低位为 1:将 CRC 变量与一个预设的固定值(0A001H)进行异或运算。

⑤ 重复第 3 步和第 4 步直到 8 次移位。这样处理完了一个完整的八位。

⑥ 重复第 2 步到第 5 步来处理下一个八位,直到所有的字节处理结束。

⑦ 最终得到一个 16 位的 CRC 值,若需要变成两个 byte 类型的数据,则需要将低字节

数据放在左边高字节数据放在右边。

（2）编写一个控制台应用程序实现 ModBus RTU 协议的 CRC-16 校验。

Step1：新建控制台应用程序并输入源码。ModBus RTU 协议的 CRC-16 校验的代码为

```
public static short GetModbusCrc16(byte[] bytes,byte len){
    short crcData = 0;
    byte reservedData_H = 0xFF, reservedData_L = 0xFF;// 预置值为 0xFFFF
    byte polynomialCode_H = 0xA0, polynomialCode_L = 0x01;// 多项式码 0xA001

    for (int i = 0; i < len; i ++){
        reservedData_L = (byte)(reservedData_L ^ bytes[i]);
        for (int j = 0; j < 8; j ++){
            byte tempCRC_H = reservedData_H;
            byte tempCRC_L = reservedData_L;
            reservedData_H = (byte)(reservedData_H >> 1);
            reservedData_L = (byte)(reservedData_L >> 1);
    //高位右移前最后 1 位应该是低位右移后的第 1 位:
    //如果高位最后一位为 1 则低位右移后前面补 1。
            if ((tempCRC_H & 0x01) == 0x01){
                reservedData_L = (byte)(reservedData_L | 0x80);
            }
            if ((tempCRC_L & 0x01) == 0x01){
                reservedData_H = (byte)(reservedData_H ^ polynomialCode_H);
                reservedData_L = (byte)(reservedData_L ^ polynomialCode_L);
            }
        }
    }
    crcData = reservedData_H;
    crcData <<= 8;
    crcData += reservedData_L;
    return crcData;
}
```

Step2：在 Main()方法中输入测试代码如下：

```
byte[] sendDatas = new byte[8]{0xAA,0x0E,0x01,0x00,0x00,0xBB,0x00,0x00};
short crc_data = GetModbusCrc16(sendDatas,6);
sendDatas[6] =(byte) crc_data; // CRC 数据低字节
sendDatas[7] = (byte)(crc_data >> 8); // CRC 数据高字节
foreach (byte b in sendDatas){
    Console.Write(b.ToString("X2")+"");
}
Console.ReadLine();
```

Step3：测试程序，并与网上的 ModBus CRC-16 在线计算器的结果进行对比。

> 本程序的测试结果为
> AA 0E 01 00 00 BB 30 5F

在百度引擎上找一个 ModBus CRC-16 在线计算器，将测试数据 AA 0E 01 00 00 BB 输入到测试软件中，并进行计算，得到 CRC 数据为 30 5F，测试表明本程序正确。线上计算器的结果如图 2-5 所示。

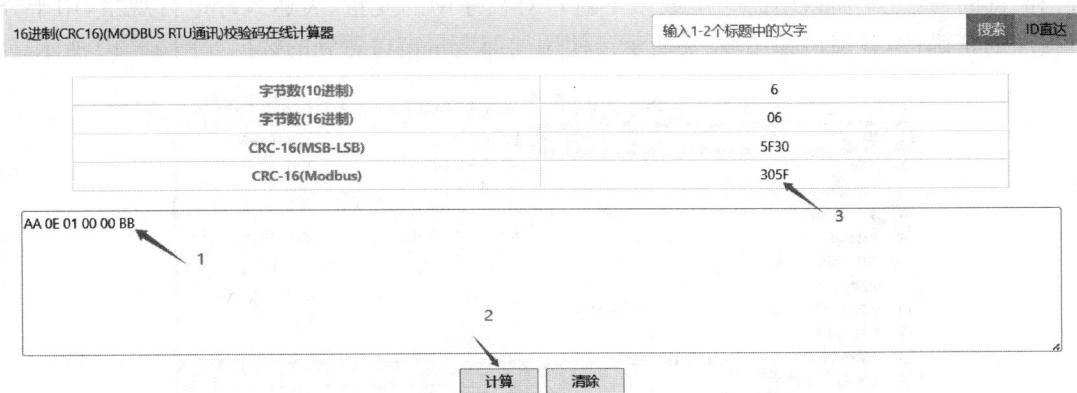

16进制(CRC16)(MODBUS RTU通讯)校验码在线计算器	输入1-2个标题中的文字　搜索　ID直达
字节数(10进制)	6
字节数(16进制)	06
CRC-16(MSB-LSB)	5F30
CRC-16(Modbus)	305F

AA 0E 01 00 00 BB

计算　清除

图 2-5　线上 CRC-16 计算器的结果

（3）设置断点调试程序，使用调试技术观察变量的值。

Step1：在合适位置设置断点，一种简单设置断点的方法如图 2-6 所示。

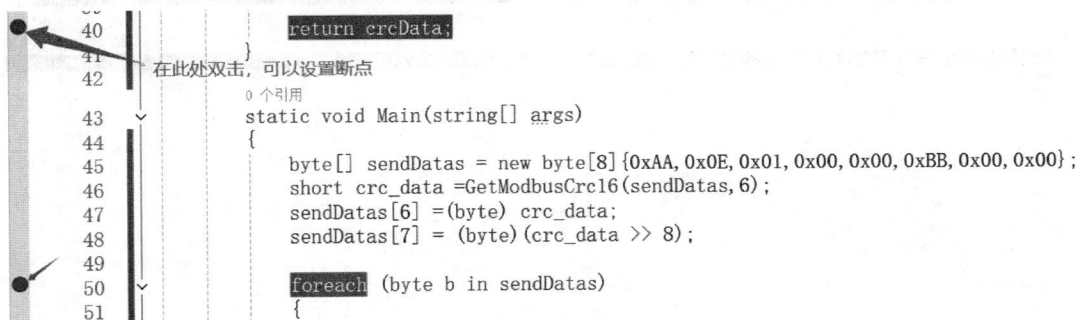

```
40          return crcData;
41      }
42
        0 个引用
43      static void Main(string[] args)
44      {
45          byte[] sendDatas = new byte[8]{0xAA, 0x0E, 0x01, 0x00, 0x00, 0xBB, 0x00, 0x00};
46          short crc_data =GetModbusCrc16(sendDatas,6);
47          sendDatas[6] =(byte) crc_data;
48          sendDatas[7] = (byte)(crc_data >> 8);
49
50          foreach (byte b in sendDatas)
51          {
```

图 2-6　设置断点

Step2：点击菜单栏中的"调试"菜单开始调试程序，启动调试后，程序会自动运行到断点处，过程如图 2-7 和图 2-8 所示。

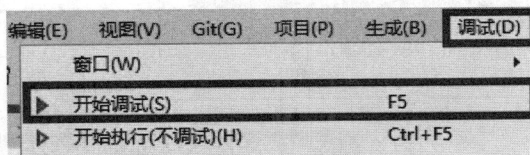

编辑(E)　视图(V)　Git(G)　项目(P)　生成(B)　调试(D)
窗口(W) ▶
▶ 开始调试(S)　　F5
▶ 开始执行(不调试)(H)　　Ctrl+F5

图 2-7　启动调试

```
36          crcData = reservedData_H;
37          crcData <<= 8;
38          crcData += reservedData_L;
39
40          return crcData;
41      }
```

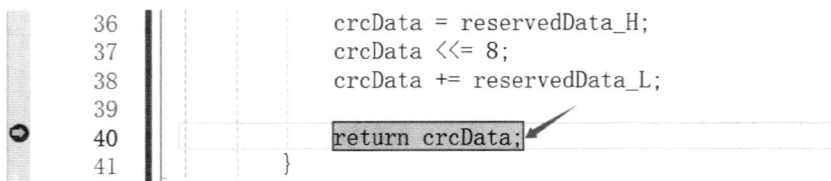

图 2-8　程序执行到断点处

Step3：打开相应的调试窗口，应用程序执行在调试状态下时，可使用"监视"、"局部变量"和"即时"这三个窗口中的一个或多个窗口对程序中的变量、表达式等进行观察，用于分析程序的正确性，各窗口如图 2-9 所示。使用局部变量窗口看到的数据如图 2-10 所示。

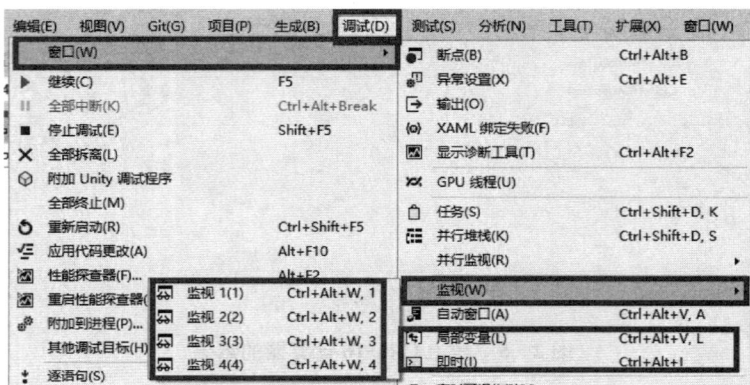

图 2-9　各种调试窗口

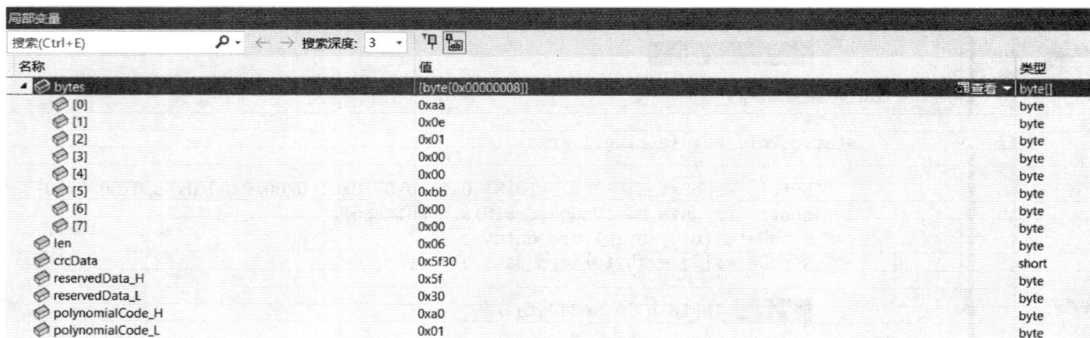

图 2-10　使用局部变量窗口查看数据

Step4：使用"监视"窗口和"即时"窗口查看 crcData 变量的值，如图 2-11 所示。

图 2-11　使用"监视"窗体和"即时"窗体观察变量

Step5：使用调试工具栏中有"逐语句""逐过程""跳出"等工具继续调试，将鼠标放在某个工具上会出现相关的提示，如图 2-12 所示。

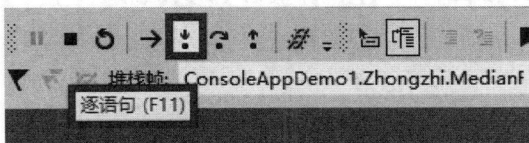

图 2-12　调试工具栏

2.8　习题

（1）分别用 for、while、do...while 语句找到 1 到 1000 之间的前 20 个素数。

（2）已一个数组为：int [] myData ={1,2,3,4,5,6,7,8}，编写一个控制台应用程序，用 foreach 语句打印数组中的每一个元素，要求在同一行中打印出来。

（3）请为下列程序写注释，并写出程序执行的结果

```
int  result, y = 15,x = 10;
result = x | y;
Console.WriteLine(result);
```

（4）请为下列程序写注释，并写出程序执行的结果。

```
bool b1,b2 = false;
int num = 50;
b1 = b2 &(num > 30 ? true:false);
Console.WriteLine(b1);
```

第 3 章　面向对象编程基础

通过前面的学习,读者已经可以写出简单的C#程序了。但C#是一种完全面向对象的语言,要编写出语法正确、设计合理的好代码,必须掌握面向对象的特性。

本章将介绍C#中面向对象程序设计的基本概念,主要有以下几个概念:

(1) 类的基本概念及如何定义类。

(2) 对象的基本概念及如何定义对象。

(3) 方法。

(4) 构造方法。

(5) 方法重载。

3.1　类和对象

C语言编程是面向过程编程的,是一种以过程为中心的编程思想,分析出解决问题的步骤,然后用函数把这些步骤一步一步实现。面向过程编程,数据和对数据的操作是分离的。

C#语言编程是面向对象编程的,会把事物抽象成对象的概念,先抽象出对象,然后给对象赋一些属性和方法,然后让每个对象去执行自己的方法。在面向对象编程中,数据和对数据的操作是绑定在一起的。

因此,类在面向对象编程中是一个很重要的概念。

3.1.1　类

(1) 类的本质

从本质上讲,类实际上就是一种数据类型,一个类一般由两部分构成:

① 成员变量;

② 成员函数,在面向对象编程中称为方法。

(2) 类的定义

在C#中,使用关键字 class 定义类,定义类的语法为:

```
class 类名
{
        成员变量列表;
        成员方法列表;
}
```

在C#中,成员变量和成员函数是有访问权限的,最常用的访问权限有两种:private 和

public，private 访问权限的成员都必须由 public 访问权限型的成员（一般是方法成员）访问。

成员变量和成员方法的定义语法为：

（1）成员变量定义的一般语法如下：

［访问修饰符］数据类型 成员变量名［初始值］；

C#编程规范规定：类的成员变量名要以"_"字符开头，其后第一个单词的首字母小写，从第二个单词开始的首字母必须大写。

例如：private string _studentName；

（2）成员函数（方法）定义的一般语法如下：

```
［访问修饰符］返回值类型 方法名称(参数列表)
{
    //方法主体
}
```

在C#中的编程规范中规定：方法名（成员函数名）要求第 1 个字母要大写，其后每个单词的首字母大写。

例如：

```
class Person{//自定义一个类 Person
    private string _name ="我是一个大学生";
    public void Display() {
        Console.WriteLine(_name);
    }
}
```

3.1.2　对象

对象是一个具有状态、行为和标识符的实体。状态包括对象的属性和当前值，行为体现在状态改变和消息传递。

定义了一个类后，就相当于定义了一种新的数据类型，可以像使用 int、结构体等其他数据类型一样去定义变量。

在C#中规定，用类定义的变量称为引用或对象：

（1）对象是用类定义并使用 new 关键字实例化的变量。

（2）引用是用类定义并未使用 new 关键字实例化的变量。

【例 3－1】　类的定义和对象的定义

```
class Person{ //自定义一个类 Person
    private string _name ="我是一个大学生";
    private int _age;
    public void Display(){//定义一个 Public 访问权限的 Display 方法
        Console.WriteLine(_name);
    }
```

```
        public void Eat(){//定义一个 Eat 方法
            Console.WriteLine("我要吃东西");
        }
        ~ Person(){
            Console.WriteLine("程序释放资源");
        }
    }


class Program{//在 Program 这个类中使用 Person 类
    Public static void Main(string []args){
        Person zs = new Person(); //定义并初始化了一个对象,对象名为 zs
        zs.Display();//通过对象调用方法 Display()
        Person ls;//这只是声明了一个类的变量,即引用
        ls.Display();//语句错误,ls 未被实例化。
    }
}
修改错误:将 ls.Display();这个语句注释掉,运行结果为
我是一个大学生
程序释放资源
```

3.2　构造方法和析构方法

在例 3-1 中的 Person zs = new Person();语句中,Person()方法称为 Person 类的构造方法。~ Person()称为 Person 类的析构方法,该方法的作用是在对象被销毁时执行一些清理工作,例如释放资源或关闭文件等工作。

构造方法和析构方法是类中的两种特殊成员方法。

3.2.1　构造方法

（1）构造方法的作用

构造函数的作用:用于在实例化对象时初始化成员变量。

（2）构造方法的特点

构造方法的特点是:构造方法名与类名相同,且没有返回值。在实例化该类的对象时就会调用构造方法。

（3）构造方法的分类

在C#中,类的构造方法可分为隐式构造方法和显式构造方法两大类:

① 隐式构造方法

在C#中规定,当程序中如果用户定义的类中没有显式的定义任何构造函数,编译器就会自动为该类型生成默认构造函数,如程序例 3-1 所示。

当使用默认构造函数时,在实例化对象时,将没有初始值的成员变量初始化为该数据类

型的默认值,程序例 3-1 中的_age 成员变量被初始为 0。

② 显式构造方法

在定义一个类时,可以显式地定义一个构造方法,该构造方法构造函数可以带参数列表,也可以不带参数列表,但没有返回值。

构造方法通常声明为 public 访问权限。如:

```
public Person(){//不带参数的构造方法
    _name ="我是一个大学生";
    _age = 20;
}
public Person(string name,int age){//带参数的构造方法
    _name = name;
    _age = age;
}
```

【例 3-2】　构造方法应用

创建一个控制台应用程序,在 Program 类中定义 3 个 int 类型的变量,分别用来表示两个加数及和,声明 Program 类的一个构造函数,在构造函数中传递相应的参数,在类中声明一个方法来实现加法的和。最后在 Main 方法中实例化 Program 类的对象,并输出计算结果。

```
class Program{
    private int _x;
    private int _y;
    private int _z;

    public Program(int x,int y) {//声明构造方法传递参数
        _x = x;
        _y = y;
    }
    public int Add(){//带返回类型的 Add 方法求加法的和
        _z = _x + _y;
        return _z;
    }
    static void Main(string[] args){
        Program program = new Program(14,20);
        Console.WriteLine("和为:{0}",program.Add());
    }
}
运行结果为
和为:34
```

3.2.2 析构方法

（1）析构方法的作用

析构方法的作用是用于回收对象资源。.NET Framework 类库中有垃圾回收功能，当某个类的实例被认为是不再有效，并符合析构条件时，.NET Framework 类库的垃圾回收功能就会调用该类的析构方法实现垃圾回收。

（2）析构方法的特点

析构方法名与类名相同，但析构方法要在方法名左边加一个波浪号（~）。在一个程序中可以显式的声明析构方法，也可以不声明析构方法，当没有显式声明析构方法时，.NET 运行环境会自动给。一般而言，不需要程序员显式地去写析构方法。

C#规定：一个类中只能有一个析构方法，并且无法调用析构方法，它是被自动调用的。

3.3 静态方法和非静态方法

C#中的方法就是一个函数，方法必须属于某个特定的类。C#的方法从方法的定义及调用方式可以分成静态方法和非静态方法。

3.3.1 静态方法

静态方法是指被关键字 static 所修饰的方法，如：public static void Main（string［］args），这个 Main()方法就是一个静态方法。

静态方法只能由类名访问。如 Console.WriteLine()这个语句就是通过 Console 类名访问静态方法 WriteLine()。

（1）静态方法的定义

```
public static 返回值类型 方法名(参数列表)
{

}
```

（2）静态方法的使用

静态方法只能由类名访问，格式为：类名.静态方法名()；

如：Console.Write()；

3.3.2 非静态方法

凡是不被关键字 static 所修饰的方法就是非静态方法，如：public void Print()，这个 Print()方法就是一个非静态方法。非静态方法只能由对象名访问。

特别注意：在没有特定指定为静态方法的情况下均为非静态方法，简称为方法。

【例 3-3】 静态方法和非静态方法应用

创建一个控制台应用程序，创建一个类，并在类中声明一个静态方法和非静态方法分别给一个变量赋值并输出。

```
class MyClass{
    private string _str1;
    static string _str2;
    public MyClass(string  str1, string  str2){
        _str1 = str1;
        _str2 = str2;
    }
    public void Display(){
        Console.WriteLine("str1 为:{0}", _str1);
    }
    public static void Show(){
        Console.WriteLine("str2 为:{0}", _str2);
    }
}

class Program{
    static void Main(string[] args){
        MyClass myclass = new MyClass("非静态方法","静态方法");
        myclass.Display();//只能通过对象去访问非静态方法。
        MyClass.Show();//只能通过类名直接访问静态方法。
    }
}
运行结果为
str1 为:非静态方法
str2 为:静态方法
```

　　总结:静态方法只能通过类名直接访问,不能通过对象去访问;非静态方法则必须用对象去访问。在类定义时,静态方法只能访问静态成员,非静态方法可以访问静态成员和非静态成员。

3.4　方法重载

　　方法重载是指多个方法的方法名称相同,但方法中参数不同(或是数据类型不同,或是参数个数不同,或是参数的顺序不同),称这种现象为方法的重载。在程序中调用时,编译器会根据实参的情况自动调用对应的方法。

3.4.1　参数数量不同的方法重载

　　参数数量不同的方法重载是指多个方法名称相同,对应位置的参数类型相同,但参数的个数不同,在使用时根据调用时赋予的参数调用对应的方法。

　　【例 3 - 4】　不同数量参数的方法重载

创建一个控制台应用程序,其中定义了一个重载方法 Add(),并在 Main 方法中分别调用不同参数的重载方式的方法对传入的参数进行计算。

```
class Program{
    public static int Add(int x, int y){
        return x + y;
    }
    public int Add(int x, int y, int z){
        return x + y + z;
    }
    static void Main(string [] args){
        int x = 3;
        int y = 5;
        int z = 10;
        Program program = new Program();
        Console.WriteLine(x +"+"+ y +"="+ Program.Add(x,y));
        Console.WriteLine(x +"+"+ y +"+"+ z +"="+ program.Add(x,y,z));
    }
}
运行结果为
3 + 5 = 8
3 + 5 + 10 = 18
```

3.4.2　参数类型不同的方法重载

参数类型不同的方法是指重载方法时定义的参数数据类型不同。

【例 3 - 5】　不同类型参数的方法重载

创建一个控制台应用程序,定义了一个重载方法 Add,并在 Main 方法中分别调用不同参数的重载方法对传入的参数进行计算。

```
class Program{
    public static int Add(int x,int y){
        return x + y;
    }
    public double Add(int x,double y){
        return x + y;
    }
    static void Main(string[] args){
        Program program = new Program();
        int x = 3;
        int y = 5;
        double y2 = 5.5;
```

```
        Console.WriteLine(x + "+"+ y + "="+ Program.Add(x,y));
        Console.WriteLine(x + "+"+ y2 + "="+ program.Add(x,y2));
    }
}
```
运行结果为
3 + 5 = 8
3 + 5.5 = 8.5

3.5 属性与封装

　　C#提供了一个特殊的语法——性质(property)，也称为属性。利用属性(property)可以让程序员访问类的私有成员变量，如同直接访问 public 的成员变量一样方便。

　　使用属性可以达到两个目的：

　　(1) 为用户程序提供了一个简单的接口，使得用户程序可以向使用成员变量一样使用该属性。

　　(2) 对属性的访问实际上是通过方法来实现的，其提供了面向对象程序设计所必需的数据隐藏性。

　　在C#语言中，使用 get 和 set 实现属性。

3.5.1 属性的定义

　　(1) get 方法访问属性

　　get 方法用来获取属性的值，其定义格式如下：

```
public int Hour{
    get{
        return  _hour;
    }
}
```

　　(2) set 方法访问属性

　　set 访问方法用来设置属性的值，set 访问方法与返回值为 void 的方法相类似，其定义格式如下：

```
public int Hour{
    set{
        _hour = value;
    }
}
```

　　当给属性赋值时，set 访问方法被自动调用，隐含的参数 value 被设为所赋的值。

3.5.2　属性分类

仅有 get 语句的属性称为只读属性；仅有 set 语句的属性称为只写属性；同时有 get 语句和 set 语句的属性称为可读可写属性。

【例 3 - 6】　使用 get 和 set 实现性质应用

创建一个控制台应用程序，在类 Person 中声明两个成员变量 _name 和 _age；定义两个属性 Name 和 Age，分别用于读、写成员变量。

```csharp
class Person{
    private string _name;
    private int _age;

    public Person(string name, int age){
        _name = name;
        _age = age;
    }
    public string Name{
        get{
            return _name;
        }
        set{
            _name = value;
        }
    }
    public int Age{
        get{
            return _age;
        }
        set{

            _age = value;
        }
    }
}
class Program{
    static void Main(string[] args){
        Person person1 = new Person("张三",20);
        Console.WriteLine(person1.Name +"修改信息前的年龄:"+ person1.Age);
        person1.Age = 30;
        Console.WriteLine(person1.Name + "修改信息后的年龄:"+ person1.Age);
    }
}
```

程序执行结果为
张三修改信息前的年龄:20
张三修改信息后的年龄:30

总结:get 方法用来获取实际的私有变量的值;set 方法用来设置私有变量的值。这两个方法都没有显示的参数,而 set 方法有一个隐式的参数 value。

3.6　命名空间

C#程序是利用命名空间组织起来的。命名空间既用作程序的"内部"组织系统,又用作向"外部"公开的组织系统(一种向其他程序公开自己拥有的程序元素的方法)。

如果要调用某个命名空间中的类等数据类型,首先需要使用 using 指令引入该命名空间,将该命名空间中类等数据类型导入当前工程文件中,从而可以直接使用该命名空间中的数据类型,而不必加上它们的完全限定名。

(1) 定义命名空间

使用 namespace 语句,其定义的基本形式为:

```
namespace 空间名
{
    类定义;
    枚举定义;
    接口定义;
    ……
}
```

(2) 使用命名空间

使用 using 语句来使用命名空间,其基本形式为:

```
using   命名空间;
```

【例 3 - 7】　命名空间应用

创建一个控制台应用程序 example3_7,建立一个命名空间 N1,在该命名空间中有一个类 A,在项目中使用 using 指令引入命名空间 N1,然后在命名空间 example3_7 中即可实例化命名空间 N1 中的类,并调用该类中的 MyIs 方法。

```
using System;
using System.Collections.Generic;
using System.Linq;
using System.Text;
using N1;

namespace  example3_7{
    class Program{
```

```
       static void Main(string[] args){
              A oa = new A();//实例化 N1 中的类 A
              oa.Myls();//调用类 A 中的 Myls 方法
       }
   }
}

在另一个类文件 N1 中建立命名空间 N1
namespace N1{//建立命名空间 N1
   class A {//在命名空间 N1 中声明类 A
       public void Myls(){
           Console.WriteLine("C#入门基础");//输出字符串
           Console.ReadLine();
       }
   }
}
程序的运行结果为
C#入门基础
```

3.7 小结

本章的主要内容有：
（1）介绍了C#的类和对象。
（2）介绍了C#中的构造函数和析构函数的基本概念。
（3）介绍了C#中的方法。
（4）介绍了C#中的方法重载以及静态方法和非静态方法的区别及应用。
（5）介绍了使用性质封装数据的概念。
（6）介绍了C#中命名空间。

创业与创新精神

案例： 2018 年是中国改革开放 40 周年，改革开放 40 周年献礼影片《中国合伙人 2》于当年 12 月份上映，该影片讲述了从 20 世纪 90 年代至今的 20 年来，中国的互联网行业在中国的起步、发展，再到高速爆发、行业成熟的整个过程。影片围绕楚振辉、秦磊等年轻人从普通的程序员创业到成立"非凡网"成功的蜕变。讲述了他们在互联网的大潮中从创业到守业，从失败再到崛起、壮大升级的故事，展现了中国互联网创业者的中国精神和民族情怀。40 年我国互联网发展从无到有，从起步到今天的突飞猛进，给广大人民群众的日常生活和各行各业带来了翻天覆地的变化。

启示： 短短 20 年，从互联网一个方面就能看到国家日新月异的飞速发展。这也是一个印证着中国不断前行脚步的缩影。"雄关漫道真如铁，而今迈步从头越"。如今的我们站在新的历史起点上,更要有新气象、新作为,勇担新时代"改革开放再出发"的历史使命,继续以"责任、安全、品质、卓越"的价值观,不忘初心,砥砺前行,以时不我待的责任担当和无需扬鞭自奋蹄的行动自觉,做一名合格的程序员。

3.8 上机实践——命名空间创建与应用

实训目标:

(1) 学会在同一个项目中创建不同的命名空间,并在一个命名空间中使用另一个命名空间中的类。

(2) 学会在一个项目中使用已有的命名空间资源。

3.8.1 在同一个的项目中创建不同的命名空间

将 2.7 的上机内容封装在一个命名空间的一个类中,方便在其他命名空间中使用。

Step1:新建一个控制台应用程序,如图 3-1 所示。

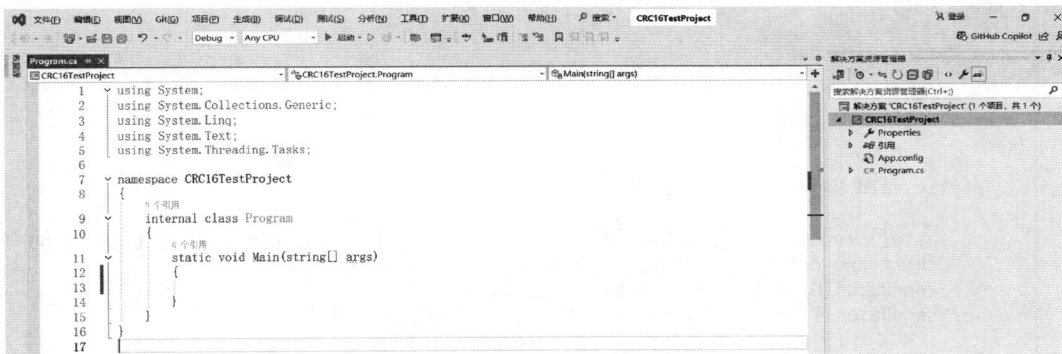

图 3-1 创建控制台应用程序

Step2:添加新的类,并修改命名空间和类名,将 2.7 的上机内容中的 GetModbusCrc16()方法拷贝粘贴到此处,操作过程如图 3-2、图 3-3。

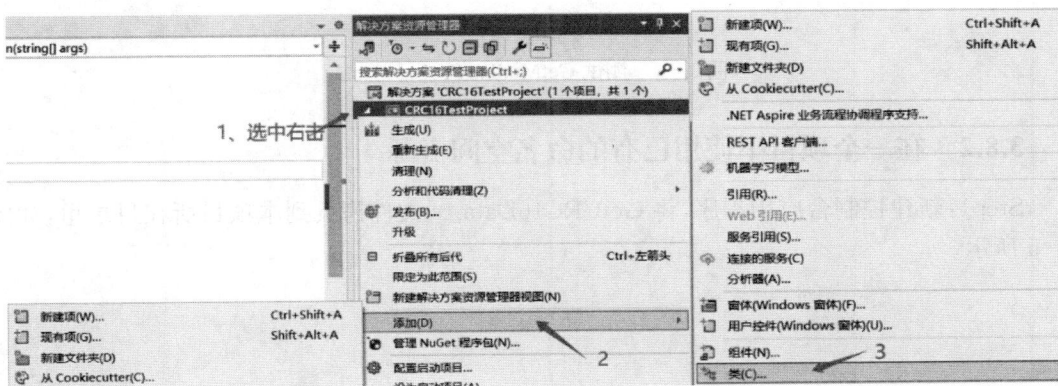

图 3-2 添加新的类

图 3 - 3　添加新的类

Step3：在 CRC16TestProject 命 名 空 间 中 将 类 GetCRC16Data 引 用 进 来，对
GetModbusCrc16()方法进行测试，操作过程如图 3 - 4 所示。

```csharp
using System.Threading.Tasks;
using Mobus_CRC16;

namespace CRC16TestProject
{
    0 个引用
    internal class Program
    {
        0 个引用
        static void Main(string[] args)
        {
            byte[] sendDatas = new byte[8] { 0xAA, 0x0E, 0x01, 0x00, 0x00, 0xBB, 0x00, 0x00 };
            short crc_data = GetCRC16Data.GetModbusCrc16(sendDatas, 6);
            sendDatas[6] = (byte)crc_data; //CRC数据低字节
            sendDatas[7] = (byte)(crc_data >> 8); //CRC数据高字节

            foreach (byte b in sendDatas)
            {
                Console.Write(b.ToString("X2") + " ");
            }
            Console.ReadLine();
        }
    }
}
```

图 3 - 4　测试 GetModbusCrc16( )方法

3.8.2　在一个项目中使用已有的命名空间资源

Step1：新建控制台应用程序，将 GetCRC16Data.cs 文件拷贝到本项目所在目录里，如图
3 - 5 所示。

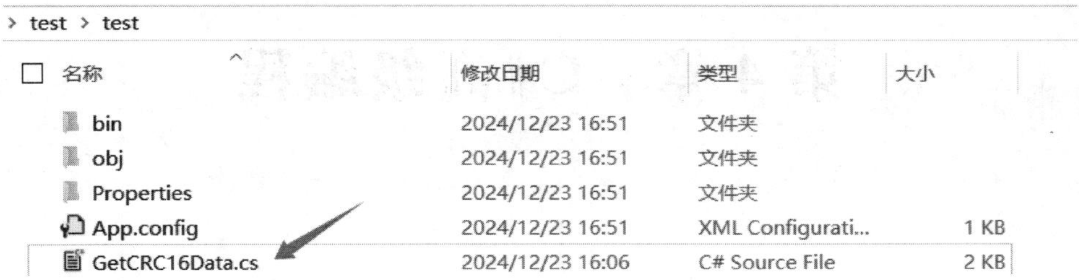

> test > test
名称
修改日期
类型
大小
bin 2024/12/23 16:51 文件夹
obj 2024/12/23 16:51 文件夹
Properties 2024/12/23 16:51 文件夹
App.config 2024/12/23 16:51 XML Configurati... 1 KB
GetCRC16Data.cs 2024/12/23 16:06 C# Source File 2 KB

图 3 - 5　将 GetCRCData.cs 拷贝到新工程

Step2：将 GetCRC16Data.cs 文件添加到本解决方案，并进行 Main()方法中添加测试代码，如图 3 - 6 所示。

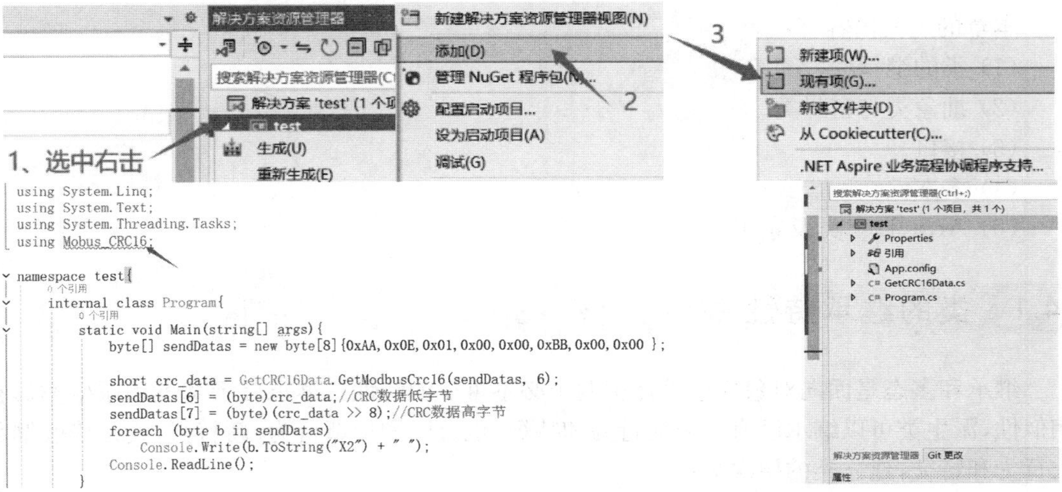

解决方案资源管理器
搜索解决方案资源管理器(Ct
解决方案 'test' (1 个项
test
生成(U)
重新生成(E)
1、选中右击
新建解决方案资源管理器视图(N)
添加(D)
管理 NuGet 程序包(N)...
配置启动项目...
设为启动项目(A)
调试(G)
2
3
新建项(W)...
现有项(G)...
新建文件夹(D)
从 Cookiecutter(C)...
.NET Aspire 业务流程协调程序支持...
using System.Linq;
using System.Text;
using System.Threading.Tasks;
using Mobus_CRC16;
namespace test{
0 个引用
internal class Program{
0 个引用
static void Main(string[] args){
byte[] sendDatas = new byte[8]{0xAA, 0x0E, 0x01, 0x00, 0x00, 0xBB, 0x00, 0x00 };
short crc_data = GetCRC16Data.GetModbusCrc16(sendDatas, 6);
sendDatas[6] = (byte)crc_data;//CRC数据低字节
sendDatas[7] = (byte)(crc_data >> 8);//CRC数据高字节
foreach (byte b in sendDatas)
Console.Write(b.ToString("X2") + " ");
Console.ReadLine();
}
搜索解决方案资源管理器(Ctrl+;)
解决方案 'test' (1 个项目，共 1 个)
test
Properties
引用
App.config
GetCRC16Data.cs
Program.cs
解决方案资源管理器
Git 更改
属性

图 3 - 6　将 GetCRC16Data.cs 文件添加到本解决方案

Step3：编译、测试。

3.9　习题

(1) 方法重载现象有哪几种？

(2) 列出常用的命名空间。

(3) 静态方法和非静态方法有何异同？

(4) 编写程序，打印出倒直三角，每个“ * ”之间空格，如图 3 - 7 所示。

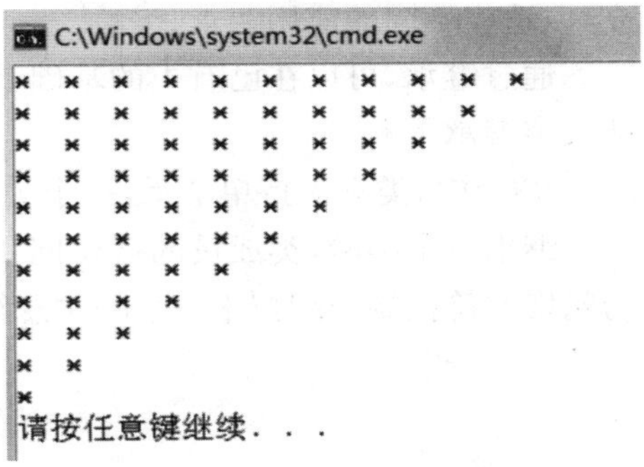

C:\Windows\system32\cmd.exe
* * * * * * * * * * *
* * * * * * * * * *
* * * * * * * * *
* * * * * * * *
* * * * * * *
* * * * * *
* * * * *
* * * *
* * *
* *
*
请按任意键继续. . .

图 3 - 7　倒直三角

第4章　C#高级编程

前面几章介绍了C#的语法基础和面向对象的初级特性,可以用C#编写简单的应用程序。C#还有许多高级特性,如果能充分利用这些高级特性,将帮助程序开发人员更轻松、有效地编写出功能强大的应用程序。

C#的高级特性主要有:继承、接口、多态性。

本章的主要内容有:

(1) 类的继承性。

(2) 抽象类与密封类。

(3) 接口。

(4) 多态性。

(5) ArrayList 类及应用。

4.1　类的继承特性

继承和多态是面向对象程序设计中两个必不可少的特性。继承表示基类和派生类具有相似性,派生类可以继承已有基类的行为和特征,也可以增加新行为、新特征,或是修改继承的行为和特征,建立类的层次关系。

4.1.1　类的继承与类的访问权限

继承(派生)是面向对象编程最重要的特性之一。除了 Object 类外,其他类都可以从另外一个类派生出来,被派生出来的类叫子类,另一个类叫父类或基类。例如:类 A 从类 B 中派生出来,则称类 A 为子类,类 B 为父类或基类。

通过类的继承机制,程序员可以通过增加、修改或替换类中的方法等手段对该类进行扩充,以适应不同的应用要求。

通过继承,可以在已有类的基础上构造子类,子类只需定义本身的成员,其他成员可以从父类继承下来。

在C#中,类只支持单继承,一个类只能有一个父类,不能同时有多个父类。

继承一个类时,类成员的可访问性是一个重要的问题,在C#中,使用 public、private 等访问修改符控制访问权限,表 4-1 总结了C#中的访问修饰符。

表 4-1　访问修饰符

父类成员访问修饰符	父、子类在同一命名空间	父类的方法可否访问	父类的对象可否访问	子类的方法可否访问	子类的对象可否访问
public	是	可	可	可	可
	否	可	可	可	可
private	是	可	否	否	否
	否	可	否	否	否
protected	是	可	否	可	否
	否	可	否	可	否
internal	是	可	可	可	可
	否	可	否	否	否
protected internal	是	可	可	可	可
	否	可	否	可	否

当用访问修饰符修饰类中的成员时,可以控制成员对外的可见性,用于封装与隐藏信息。

对于类中的成员(成员变量、方法等)而言,不声明任何修饰符,默认是私有成员,即 default 与 private 一样。当父类和子类在同一程序集时,子类可以访问父类的 internal 成员;当父类和子类不在同一程序集时,子类不可以访问父类的 internal 成员,但可以访问父类的 protected internal 成员。

在本书中,只讨论 public 型和 private 型的访问权限。

【例 4-1】　创建一个控制台应用程序,定义了一个 People 类,再定义一个 Student 类,该类从 People 类派生而来,People 类使用默认构造方法对私有成员进行初始化。

```
class People{
        private string _name = "三国"; //声明一个公有的成员变量
        private string _sex = "男"; //声明一个公有的成员变量

        public void Display1(){ //声明一个显示方法
            Console.WriteLine("程序员输入的姓名是:{0},性别是:{1}",_name,_sex);
        }
    }
    class Student: People{
        public void Display2(){
            Console.WriteLine("这是 Student 类中的显示函数");
        }
    }
    class Program{
```

```
static void Main(string[] args){
    Student stu1 = new Student ();
    People myPeople = new People();

    Console.WriteLine("****以下是 People 类对象显示的内容***");
    myPeople.Display1();
    Console.WriteLine();
    Console.WriteLine("****以下是 Student 类对象显示的内容***");
    stu1.Display1();
    stu1.Display2();
    }
}
```

运行结果为

****以下是 People 类对象显示的内容***

程序员输入的姓名是:三国,性别是:男

****以下是 Student 类对象显示的内容***

程序员输入的姓名是:三国,性别是:男

这是 Student 类中的显示函数

4.1.2　子类的构造函数

在C#中规定,当基类中有带参数的构造函数时,子类必须调用基类的构造函数用于初始化基类的成员变量。子类的构造函数通过使用 base() 语句显式调用基类的构造函数完成对基类成员变量的初始化。在子类对象初始化时,将首先调用父类的构造函数,然后才调用子类的构造函数。

【例 4 - 2】　调用基类的构造函数

```
class People{
    string _name; //声明一个默认权限成员(私有成员变量)
    private string _sex; //声明一个私有成员变量
    public People(string name, string sex){
        _name = name;     //将传递过来的参数赋值给 _name
        _sex = sex;       //将传递过来的参数赋值给 _sex
    }
    public  void Display1(){//声明一个公有类型方法

        Console.WriteLine("输入的姓名是:{0},性别是:{1}",_name, _sex);
    }
}
class Student: People{
    private string _position; //声明一个私有成员变量
    public Student (string name,string sex,string position)
```

```
        : base(name,sex){//使用 base 语句调用基类的构造函数

            _position = position; //将传递过来的参数赋值给_position
        }
    public void Display2() {Console.WriteLine("程序员的职业是:{0}",_position);}
}
class Program{
    static void Main(string[] args){
        People people = new People("张三", "男");//实例化 People 类
        Student stu1 = new Student ("李四", "男", "学生");
        people.Display1();//调用基类显示方法
        Console.WriteLine(" ********************************");
        stu1.Display1();//调用从父类继承过来的显示方法
        stu1.Display2();//调用子类显示方法
    }
}
```
运行结果为
输入的姓名是:张三,性别是:男
****
输入的姓名是:李四,性别是:男
程序员的职业是:学生

4.2　抽象类与密封类

（1）抽象类（abstract）

有时为了表述一种抽象的概念，程序员需要定义一个和具体事物不相关的类。为此，在C#中引入了抽象类的概念，抽象类用 abstract 关键字进行声明，使用时抽象类有以下要求：

① 抽象类只能作为基类，不能直接进行实例化。

② 抽象类中可以包含抽象成员，但不是必需的。

③ 对抽象类不能使用 sealed 关键字。

④ 由抽象类派生的非抽象类必须通过重写技术实现它从父类继承来的所有抽象成员。

如：

```
abstract class A{
    public abstract void Method();
}
class B:A{
    public override void Method(){//使用 override 关键字重写继承来的抽象方法
        Console.WriteLine("抽象类例子");
    }
}
```

　　抽象类 A 有一个抽象方法 Method(),非抽象类 B 派生于类 A,类 B 重写了父类 A 的中的抽象方法 Method(),提供了对 Method()的具体实现。

　　在抽象类中,使用 abstract 关键字声明抽象方法,抽象方法不提供方法的具体实现,只给出方法原型。

　　此外,abstract 也可以用于声明类的抽象性质(property),在派生类通过使用 override 重载抽象性质。

　　在C#中规定:抽象方法声明只允许在抽象类中使用,而且声明中不允许使用 static、virtual 或 override 关键字。

　　(2) 密封类(sealed)

　　在C#中,若希望设计的类不能被继承,可以使用关键字 sealed 将类声明成密封类。除了密封类,sealed 还可以用于声明密封方法,使用密封方法的目的是使该类的派生类无法重载该方法。密封方法必须是对基类虚方法的重载,不是任何方法都可以声明为密封方法的。如下代码在编译时就会出错。

```
class A {
    public sealed void Method(){
        Console.WriteLine("It is a test !");
    }
}
```

　　编译上面的代码,编译器将报错:"因为'A.Method'不是重写,所以无法将其密封。"因此在密封方法的声明中,sealed 和 override 总是一起使用。

　　【例 4-3】 抽象类和密封类综合应用。

```
abstract class A{
    public abstract void Method();
}
sealed class People:A {
    private string _name;
    private int _age;
    public People(string name, int age){
        _name = name;
        _age = age;
    }
    public sealed override void Method(){
        Console.WriteLine("姓名为:{0},年龄为:{1}", _name, _age);
    }
}
class Program{
    static void Main(string[] args){
        People p = new People("aaa",20);
        p.Method();
```

```
        }
    }
```

程序执行结果为

姓名为:aaa,年龄为:20

4.3　接口

C#不支持类的多继承,即一个子类不能有多个父类,但是客观世界确实存在多继承的情况。为了避免多继承给程序带来的复杂性等问题,C#提出了接口的概念,通过接口可以实现多重继承的功能。

4.3.1　接口定义与实现

接口是把所需要的成员组合起来,封装成具有一定功能的集合,定义了需要实现的成员。

接口可由方法、属性、事件、索引器这 4 种成员类型的任何组合构成,接口中不能包含字段(成员变量),接口中成员的访问权限不要指定(默认是 public),在声明接口成员时,不能出现 abstract、public、protected、virtual、override 或 static 等关键字。

接口不能直接实例化,只定义成员的声明,不能包含成员的任何实现代码。接口必须使用类去实现该接口。

接口的声明格式如下:

```
访问修饰符　interface　接口名称
{
    接口内容;
}
```

【例 4 - 4】　接口的应用

```
interface IDisplayCard{  //声明接口 DisplayCard
    void Display();//接口中的成员不能有访问权限
    int  MemorySize{get;set;}
}
class AsusDisplayCard: IDisplayCard{//使用类实现接口
    int _memorySize;
    public void Display (){  //实现接口中的方法
        Console.WriteLine("我是华硕显卡,欢迎选购");
    }
    public int MemorySize{
        get{
            return _memorySize;
        }
```

```
            set {
                _memorySize = value;
            }
        }
}
class HpDisplayCard: IDisplayCard{//使用类实现接口
    int _memorySize;
    public void Display () { //实现接口中的方法
        Console.WriteLine("我是惠普显卡,欢迎选购");
    }
    public int MemorySize{//定义 MemorySize 属性
        get{
            return _memorySize;
        }
        set{
            _memorySize = value;
        }
    }
}
class Program{
    static void Main(string[] args){
        AsusDisplayCard asus = new AsusDisplayCard();
        asus.Display();
        asus.MemorySize = 32;
        Console.WriteLine("显存容量为:"+ asus.MemorySize +"M");

        HpDisplayCard hp = new HpDisplayCard ();
        hp.Display();
        hp.MemorySize = 64;
        Console.WriteLine("显存容量为:"+ hp.MemorySize +"M");
    }
}
```
程序执行结果为
我是华硕显卡,欢迎选购
显存容量为:32M
我是惠普显卡,欢迎选购
显存容量为:64M

接口具有以下特点:
(1) 接口类似于抽象基类,继承接口的任何非抽象类都必须实现接口的所有成员。
(2) 不能直接实例化接口。
(3) 接口可以包含事件、索引器、方法和属性,但接口不包含方法的实现。

（4）类和接口可以继承多个接口。

4.3.2　接口继承

C#中不允许多重类继承，即一个类不能有多个父类，但允许实现多个接口。一个接口可以有多个父接口，也可以使用一个类实现多个接口。当继承（实现）多接口时，"："后面的多个接口名用"，"分开。Private 和 internal 类型的接口不允许继承。

（1）接口继承的声明格式：

```
访问修饰符　interface　接口名称:继承的接口列表
{
    接口内容;
}
```

（2）使用类实现接口的声明格式：

```
访问修饰符　类名　接口名称:要实现的接口列表
{
    接口内容;
}
```

当某个类实现某个（些）接口时，该类必须实现该接口及其父接口中的所有方法，可通过重写虚拟成员来实现接口中的方法。

【例 4 - 5】　接口多继承应用

```
interface IFace1{
        void PrintInfor();
        void Hello();
}
interface IFace2{
        void Print();
        void Goodbye();
}
interface IFace3 : IFace1,IFace2    //继承接口
{}
class FacetoFace : IFace3{ //使用类实现接口
    public void PrintInfor (){
            Console.WriteLine("这是 IFace1 的 PrintInfor 函数");
    }
    public void Hello(){
        Console.WriteLine("IFace1 向程序员说 Hello!");
    }
    public void Goodbye(){
        Console.WriteLine("IFace2 向程序员说 GoodBye");
    }
```

```
    public void Print(){
        Console.WriteLine("这是 IFace2 的 Print 函数");
    }
}
class Program{
    static void Main(string[] args){
        FacetoFace facetest1 = new FacetoFace(); //实例化类 FacetoFace
        facetest1. PrintInfor ();
        facetest1.Hello();
        facetest1.Print();
        facetest1.Goodbye();
    }
}
程序执行结果为
这是 IFace1 的 PrintInfor 函数
IFace1 向程序员说 Hello!
这是 IFace2 的 Print 函数
IFace2 向程序员说 GoodBye
```

4.3.3 显式接口实现

如果两个接口 A 和 B 含有同名的成员 Method,且都被同一个类 C 实现,则类 C 必须分别为 A 和 B 的 Method 成员提供单独的实现,即显式实现接口成员。

【例 4-6】 显式接口实现应用

```
interface IFace1{
    void Print();
    void Hello();
}
interface IFace2{
    void Print();
    void Goodbye();
}
class FacetoFace : IFace1,IFace2{
    //因为两个接口都有 Print(),故指定是哪个接口,不能指定访问权限。
    void IFace1.Print(){
        Console.WriteLine("这是 IFace1 的 Print 函数");
    }
    public void Hello(){
        Console.WriteLine("IFace1 向程序员说 Hello!");
    }
    public void Goodbye(){
```

```
            Console.WriteLine("IFace2 向程序员说 GoodBye");
        }
        void IFace2.Print(){
         Console.WriteLine("这是 IFace2 的 Print 函数");
        }
}
class Program{
    static void Main(string[] args){
        FacetoFace facetest1 = new FacetoFace();//实例化类 FacetoFace
        ((IFace1)facetest1).Print();//需要进行数据类型强制转换
        facetest1.Hello();
        ((IFace2)facetest1).Print();
        facetest1.Goodbye();
    }
}
```

程序执行结果为：
这是 IFace1 的 Print 函数
IFace1 向程序员说 Hello！
这是 IFace2 的 Print 函数
IFace2 向程序员说 GoodBye

4.4 多态性

多态是指同一操作作用于不同的对象，可以有不同的解释，产生不同的结果。

（1）多态性的基本概念

在C#中，多态性（Polymorphism）是一种允许对象接口的统一，以支持执行单个操作或函数在不同数据类型上表现出多种形式的能力，同一操作作用于不同的类的实例，不同的类将进行不同的解释，最后产生不同的执行结果。多态性主要有两种形式：一种是编译时多态性（也称为静态多态性），另一种是运行时多态性（也称为动态多态性）。

1）编译时的多态性

编译时多态性主要通过方法重载实现。方法重载发生在同一个类中，当有多个同名方法但参数列表不同时。编译器根据调用时提供的参数类型和数量来决定使用哪个方法。

2）运行时的多态性

运行时多态性主要通过方法重写（Override）、接口（Interface）以及抽象类（Abstract Class）实现。当子类提供特定于自己的实现方式，并且父类引用变量指向子类对象时，就会发生运行时多态性。

编译时的多态性为程序员提供了运行速度快的特点，而运行时的多态性则带来了高度灵活和抽象等特点。

（2）实现多态性

① 抽象类多态性

【例 4-7】　抽象类多态性示例

```
public abstract class VideoShow {
    public abstract string playVideo();
}
public class VCD : VideoShow{//声明 VCD 类继承自 VideoShow
    public override string playVideo() { //重写抽象方法
        return "正在播放 VCD";
    }
}
public class DVD : VideoShow{   //声明 DVD 类继承自 VideoShow
    public override string playVideo() { //重写抽象方法
        return "正在播放 DVD";
    }
}
class Program{
    static void Main(string[] args) {
        VideoShow vs; //声明抽象类的一个变量
        vs = new DVD();//通过子类实例化抽象对象
        Console.WriteLine(vs.playVideo());
        vs = new VCD();//通过子类实例化抽象对象
        Console.WriteLine(vs.playVideo());
    }
}
程序执行结果为
正在播放 DVD
正在播放 VCD
```

② 接口多态性

【例 4-8】　接口多态性示例

```
interface Door{
    void Open(bool a);
    void Close(bool a);
}
class AutoDoor : Door{
    public void Open(bool a){
        if (a){
            Console.WriteLine("有人来了,自动门打开");
        }
    }
```

```
        public void Close(bool a){
            if (!a){
                Console.WriteLine("没有人,自动门关闭");
            }
        }
    }
class PasswordDoor : Door{
    public void Open(bool a){
        if (a){
            Console.WriteLine("密码正确,密码门打开");
        }
    }
    public void Close(bool a){
        if (!a){
            Console.WriteLine("密码不正确,密码门不能打开");
        }
    }
}
class Program{
    static void Main(string[] args){
        bool havePeople = false;
        bool passwordIstrue = false;
        AutoDoor a = new AutoDoor();
        a.Open(havePeople);
        a.Close(havePeople);
        PasswordDoor p = new PasswordDoor();
        p.Open(passwordIstrue);
        p.Close(passwordIstrue);
    }
}
```
程序执行结果为
没有人,自动门关闭
密码不正确,密码门不能打开

③ 继承多态性

继承多态性是最常见的形式。通过使用 virtual 关键字,继承多态性提供了方法的不同实现。在继承一个类时,会继承该类的方法、属性、事件等。另外还会继承所有这些成员的实现。

当不想继承某个或某些功能,或者需要稍作变化,可将基类中的方法或属性标记为 virtual,通过在子类中重写该方法或属性实现多态性。

定义一个虚方法后,表明希望在子类中重写该方法。如果并不想重写方法,就不要将方法声明为虚的,否则会导致额外的系统开销。由于派生类中的方法重写了基类中的方法,因此在声明派生类方法时，方法名应该与将要重写的虚方法相同。

【例 4 - 9】 继承多态性示例

```csharp
class People{
    private string _name;
    private int _age;

    public People(string name, int age){
        _name = name;
        _age = age;
    }
    public void Print(){
        Console.WriteLine("姓名为:{0},年龄为:{1}", _name, _age);
    }
    public virtual void Eat(){
        Console.WriteLine("我是人,要吃饭");
    }
}
class Child : People{
    public Child(string s, int a) : base(s, a)
    {}
    public override void Eat(){
        Console.WriteLine("我是小孩,用勺子吃饭");
    }
}
class Elder : People{
    public Elder(string s, int a)
    : base(s, a){}
    public override void Eat(){
        Console.WriteLine("我是大人,用筷子吃饭");
    }
}
class Program{
    static void Main(string[] args){
        People p = new Child("洋洋", 5);
        p.Print();
        p.Eat();

        Console.WriteLine("*****************");
        p = new Elder("张三", 30);
        p.Print();
        p.Eat();
```

```
        }
    }
```

程序执行结果为
姓名为:洋洋,年龄为:5
我是小孩,用勺子吃饭
****
姓名为:张三,年龄为:30
我是大人,用筷子吃饭

4.5　ArrayList 类及应用

集合是程序开发过程中经常使用的一种数据结构,.NET提供了用于实现集合的接口,如 IEnumerable、ICollection、IList 等,它们为程序员提供了与集合交互的标准方式。常用的集合接口如表4-2所示。

在C#中,.NET提供了一些常见的集合类,常用的集合类如表4-3所示。

表4-2　常用的集合接口

接口	说明
ICollection	定义所有集合的大小、遍历数和同步方法
IDictionary	表示键—值对集合
IDictionaryEnumerator	用 foreach 语句遍历实现 IDictionary 的集合的元素
IEnumerable	公开遍历数,以支持对集合的遍历
IList	表示可按照索引进行访问的集合

表4-3　集合类

类	说明
ArrayList	实现 IList 接口,大小可按需增加的数组
BitArray	管理位置的压缩数组,该值表示为布尔值
CollectionBase	为强类型提供抽象基类
Comparer	比较两个对象是否相等,字符串比较区分大小写
DictionaryBase	为键—值对的强类型提供抽象基类
HashTable	表示键—值对的集合,键—值对根据键的哈希代码进行组织
Queue	表示先入先出(FIFO)的队列集合
SortedList	表示键—值对的集合,键—值对按键排序,可以按照键和索引访问
Stack	表示后进先出(LIFO)的堆栈集合

4.5.1 ArrayList 类

ArrayList 类是数组的复杂版本,在程序员不能预知数组大小的情况下,使用 ArrayList 是一种很好的选择,ArrayList 主要有以下特点:

(1) ArrayList 只能是一维数组。

(2) ArrayList 的下限始终为 0。

(3) ArrayList 的元素都是 object 类型,因此在操作 ArrayList 元素的时候通常都要进行装箱和拆箱操作。

(4) ArrayList 的元素数目可以自动扩展。

ArrayList 提供的常见属性如表 4-4 所示。

表 4-4 ArrayList 常用属性

属性名	属性说明
Count	目前 ArrayList 包含的元素的数量,这个属性是只读的
Capacity	目前 ArrayList 能够包含的最大数量,可以手动的设置这个属性,但是当设置为小于 Count 值的时候会引发一个异常。

说明:Capacity 是 ArrayList 可以存储的元素数。Count 是 ArrayList 中实际包含的元素数。Capacity 总是大于或等于 Count。如果在添加元素时,Count 超过 Capacity,则该列表的容量会自动加倍扩充。

ArrayList 提供的各种常用操作方法如表 4-5 所示。

4.5.2 ArrayList 应用

【例 4-10】 ArrayList 综合应用

```
public class Student{
    private string _name;
    private int _age;
    public Student(string name, int age) {      //构造函数
        _name = name;
        _age = age;
    }
    public string Name{
        get{return _name;}
        set{_name = value;}
    }
    public int Age{
        get{return _age;}
        set{_age = value;}
    }
}
```

表 4 - 5　ArrayList 常用方法

方法名	方法说明
int Add(object value);	用于添加一个元素到当前列表的末尾。
void Remove(object obj);	用于删除一个元素,通过元素本身的引用来删除
void RemoveAt(int index);	用于删除一个元素,通过索引值来删除
void Insert(int index,object value)	用于添加一个元素到指定位置,列表后面的元素依次往后移动
void Sort()	对 ArrayList 或它的一部分中的元素进行排序。
void Reverse();	将 ArrayList 或它的一部分中元素的顺序反转。
int IndexOf(object) int IndexOf(object,int)	返回 ArrayList 或它的一部分中某个值的第一个匹配项的从零开始的索引。没找到返回—1。
int LastIndexOf(object) int LastIndexOf (object,int)	返回 ArrayList 或它的一部分中某个值的最后一个匹配项的从零开始的索引。没找到返回—1。
bool Contains(object)	确定某个元素是否在 ArrayList 中。包含返回 true,否则返回 false
void TrimSize()	这个方法用于将 ArrayList 固定到实际元素的大小。
void Clear();	清空 ArrayList 中的所有元素

```
class Class1{
    static void Main(string[] args){
        ArrayList Stuarr = new ArrayList();        //实例化集合 ArrayList

        Stuarr.Add(new Student("张三", 20));        //增加集合元素
        Stuarr.Add(new Student("李四", 21));
        Stuarr.Add(new Student("王二", 19));
        Console.WriteLine("现在学生的数量为:{0}",Stuarr.Count);
        for (int i = 0; i < Stuarr.Count; i ++)
        {
            Console.WriteLine("学生的姓名是:{0},年龄是:{1}",((Student)
            Stuarr[i]).
            Name,((Student)Stuarr[i]).Age);
        }
    }
}
程序执行结果为
现在学生的数量为:3
学生的姓名是:张三,年龄是:20
学生的姓名是:李四,年龄是:21
学生的姓名是:王二,年龄是:19
```

4.6　小结

本章的主要内容有：

（1）介绍了C#中类的继承特性。

（2）介绍了C#中的抽象类与密封类。

（3）介绍了C#中接口的概念和应用。

（4）介绍了C#中类的多态性。

（5）介绍了C#中的 ArrayList 类及应用。

4.7　上机实践——接口技术综合应用

实训目标：学会使用C#中不同类实现同一个接口，掌握C#中接口概念和应用。

实训内容：声明一个名称为 Animal 的类，它被作为其他一些类的基类来表示各种类型的动物。声明一个叫作 ILiveBirth 的接口。Cat 和 Dog 类都从 Animal 基类继承。Cat 和 Dog 都实现 ILiveBirth 接口。

在 Main 中，程序创建了 Animal 对象的数组并对 2 个动物类的对象进行填充。最后，程序遍历数组并获取指向 ILiveBirth 接口的引用，最后调用 BabyCalled 方法。

主要代码如下：

```
interface ILiveBirth {                      //声明接口
    string BabyCalled();
}
class Animal { }                            //基类 Animal
class Cat : Animal, ILiveBirth {            //声明 Cat 类
    string ILiveBirth.BabyCalled(){
        return "kitten";
    }
}
class Dog : Animal, ILiveBirth {            //声明 Dog 类
    string ILiveBirth.BabyCalled() {
        return "puppy";
    }
}
class Program{
    static void Main(string[] args){
        Animal[] animalArray = new Animal[2];    //创建 Animal 数组
        animalArray[0] = new Cat();              //插入 Cat 类对象
        animalArray[1] = new Dog();              //插入 Dog 类对象
        foreach(Animal a in animalArray) {       //在数组中循环
```

```
                    ILiveBirth b = (ILiveBirth)a;        //强制转换
                    Console.WriteLine("Baby is called:{0}", b.BabyCalled());
                }
        }
}
```
程序执行结果为
Baby is called: kitten
Baby is called: puppy

4.8 习题

查阅 MSDN 或网上资料，请列出 Array 类的常用属性、方法。

第 5 章 文件操作程序设计

在数据采集与系统控制软件中,常常需要将数据保存到文件中,在各类文件中,文本文件是一种最常用、最简单的文件,本章重点讲解与文本文件相关的操作。

本章主要讲解与文件、目录、路径相关操作的类及其各种常用属性、方法,最后重点讲解与文本相关的类 StreamReader 和 StreamWriter。

本章的主要内容有:

(1) 与文件操作相关的命名空间:System.IO 命名空间。

(2) 与文件操作相关的类:File 类、FileInfo 类、FileStream 类。

(3) 与目录和路径相关操作的类:Director 类、DirectorInfo 类、Path 类。

(4) 读写文件的类:StreamWriter 类、StreamReader 类。

5.1 System.IO 命名空间

C#为程序员提供了一个名为 System.IO 的命名空间,用于处理文件和流。System.IO 命名空间包含各种允许在数据流和文件上进行同步和异步读写操作的类。

System.IO 命名空间包含允许读写文件和数据流的类型以及提供基本文件和目录支持的类型。与文件或目录相关的常见类如表 5-1 所示,与文件或目录操作相关的枚举如表 5-2 所示。

使用与文件、文件夹及流相关的类等类型时,首先需要添加 System.IO 命名空间。

表 5-1 与文件或目录相关的常见类

类	说明
BinaryReader	用特定的编码将基元数据类型读作二进制值。
BinaryWriter	以二进制形式将基元类型写入流,并支持用特定的编码写入字符串。
Directory	公开用于创建、移动和枚举通过目录和子目录的静态方法。无法继承此类。
DirectoryInfo	公开用于创建、移动和枚举目录和子目录的实例方法。无法继承此类。
File	提供用于创建、复制、删除、移动和打开文件的静态方法,并协助创建 FileStream 对象。
FileInfo	提供创建、复制、删除、移动和打开文件的实例方法,并且帮助创建 FileStream 对象。无法继承此类。
FileStream	公开以文件为主的 Stream,既支持同步读写操作,也支持异步读写操作。
Path	它提供了静态方法,用于处理文件和目录路径。这些方法可以用来解析、格式化和转换文件和目录路径。

续　表

类	说明
Stream	提供字节序列的一般视图。
StreamReader	实现一个 TextReader,使其以一种特定的编码从字节流中读取字符。
StreamWriter	实现一个 TextWriter,使其以一种特定的编码向流中写入字符。

表 5－2　与文件或目录操作相关的常用枚举

枚举	说明
DriveType	定义驱动器类型常数,包括 CDRom 等。
FileAccess	定义用于控制对文件的读访问、写访问或读/写访问的常数。
FileAttributes	提供文件和目录的属性。
FileMode	指定操作系统打开文件的方式。
FileOptions	表示用于创建 FileStream 对象的附加选项。
FileShare	用于控制其他 FileStream 对象对本文件的访问权限。

5.2　用于文件操作的类

文件是存储在外部介质上数据的集合。操作系统以文件为单位对数据进行管理。本节主要介绍下面三种用于文件输入输出操作的主要类。

5.2.1　File 类

该类提供了用于创建、复制、删除、移动和打开文件的静态方法,直接使用类名调用这些方法。File 类常用的静态方法如表 5－3 所示。

表 5－3　File 类常用的静态方法

方法	说明
Create()	在指定的路径中创建文件
Delete()	删除文件。如果指定的文件不存在,不会引发异常
Exists()	确定指定的文件是否存在
Move()	将指定文件移到新位置
Open()	打开指定路径上的 FileStream 对象
Copy()	将现有文件复制到新位置
OpenRead()	打开现有文件以进行读取,并返回一个 FileStream 对象
OpenWrite()	打开现有文件以进行写入,并返回一个 FileStream 对象

【例 5－1】　使用 File 类,判断 D 盘根目录下是否存在 test1.txt,若存在,则打印出相关的信息,并复制一份副本 test2.txt,否则创建此文件,并打印出相关信息。

```
class Program{
    public static void Main(string []args){
        string _filePath1 =@"d:\ test1.txt";
        string _filePath2 =@"d:\ test2.txt";
        if (File.Exists(_filePath1)){ //使用 Exists 方法判断文件是否存在
            Console.WriteLine("该文件已经存在");
            File.Copy(_filePath1,_filePath2, true); //使用 Copy 方法复制文件
            Console.WriteLine("该文件已经拷贝");
        }
        else{
            File.Create(_filePath1); // 使用 Create 方法创建文件
            Console.WriteLine("该文件已经创建");
        }
    }
}
注意:比较两次执行的结果。
```

5.2.2 FileInfo 类

该类提供了创建、复制、删除、移动和打开文件的实例方法。FileInfo 类的许多方法类似于 File 类的方法。在对文件进行操作时,若只对文件进行单一操作,可以选用 File 类,若要对文件进行多次操作,则使用 FileInfo 的实例对象。

FileInfo 类的方法与 File 类方法基本相同,FileInfo 类还有一些关于文件的属性,一些常用的属性如表 5-4 所示。

表 5-4　FileInfo 类的常用属性

属性	说明
Directory	获取父目录的 DictionaryInfo 实例
DictionaryName	返回文件目录的完整路径的字符串
Exists	判断文件是否存在
Length	获取当前文件的大小
Name	获取文件名,如:test1.txt
FullName	获取带完整路径的文件名
Attributes	获取或设置当前文件的属性

【例 5-2】 使用 FileInfo 类,判断 D 盘根目录下是否存在 aa.txt,若存在,则打印出相关的信息,否则创建此文件,并打印出相关信息。

```
class Program{
    public static void Main(string[] args){
        string _filePath = @"d:\aa.txt";
        FileInfo finfo = new FileInfo(_filePath);
        if (finfo.Exists){ //判断要创建的文件是否存在
            Console.WriteLine("该文件已经存在");
            Console.WriteLine(finfo.Length); //输出文件大小
            Console.WriteLine(finfo.Name); //输出文件名
            Console.WriteLine(finfo.FullName); //输出文件完整路径
            Console.WriteLine(finfo.Attributes); //输出文件属性
            Console.WriteLine(finfo.CreationTime); //输出文件创建时间
        }
        else{
            finfo.Create(); //使用 Create 方法创建文件
            Console.WriteLine("该文件已经创建");
        }
    }
}
注意:比较两次执行的结果。
```

5.2.3　FileStream 类

FileStream 类表示指向文件的流,能够以同步或异步两种模式打开文件。FileStream 对象支持使用 Seek 方法随机访问文件。

FileStream 类的常用方法有:

(1) 构造方法,最常用的构造方法有:

① FileStream(String，FileMode，FileAccess)

public FileStream(string path，FileMode mode，FileAccess access):使用指定的路径、创建模式和读/写权限初始化 FileStream 类的新实例。

② FileStream(String，FileMode，FileAccess，FileShare)

public FileStream(string path，FileMode mode，FileAccess access，FileShare share):使用指定的路径、创建模式、读/写权限和共享权限创建 FileStream 类的新实例。

其中 FileMode 是一个常数(枚举类型),指定如何打开或创建文件,其主要成员如表 5 - 5 所示。

表 5 - 5　枚举 FileMode 的常用成员

FileMode 成员	说明
Append	打开现有文件并定位到文件尾,或创建新文件
Create	创建新文件,如果文件存在就清除其内容
CreateNew	创建新文件,如果文件存在就引发异常

FileMode 成员	说明
Open	打开现有文件,如果文件不存在就引发异常
OpenOrCreate	如果文件存在,就打开文件,如果文件不存在就创建新文件
Truncate	打开文件并清除文件内容,如果文件不存在就引发异常

其中 FileAcess 是一个常数(枚举类型),指定如何访问文件,其主要成员如表 5 - 6 所示。

表 5 - 6　枚举 FileAcess 的成员

FileAcess 成员	说明
Read	对文件的读访问
ReadWrite	对文件的读访问和写访问
Write	对文件的写访问

其中 FileShare 是一个常数(枚举类型),确定文件如何由进程共享,其主要成员如表 5 - 7 所示。

(2)CopyTo()

CopyTo()用于从当前文件拷贝内容到另一个流,最常用的方法有:

① public void CopyTo(Stream destination):从当前流中读取字节并将其写入到另一流中。

② public void CopyTo(Stream destination,int bufferSize):使用指定的缓冲区大小,从当前流中读取字节并将其写入到另一流中。

表 5 - 7　枚举 FileShare 的成员

成员	说明
None	谢绝共享当前文件。文件关闭前,打开该文件的任何请求都将失败
Read	允许随后打开文件读取。如果未指定此目标,则文件关闭前,任何打开该文件以进行读取的请求都将失败
ReadWrite	允许随后打开文件读取或写入。如果未指定此目标,则文件关闭前,任何打开文件以进行读取或写入的请求都将失败
Write	允许随后打开文件写入。如果未指定此目标,则文件关闭前,任何打开该文件以进行写入的请求都将失败

(3)public override void Write(byte[] buffer,int offset,int count):将字节块写入文件流,重写了 Stream.Write(Byte[], Int32, Int32)。

(4)public override void WriteByte(byte value):一个字节写入文件流中的当前位置,并将读取位置提升一个字节。重写了 Stream.WriteByte(byte value)。

(5)public override int Read(byte[] array,int offset,int count):从流中读取字节块并将该数据写入给定缓冲区中。

（6）public override int ReadByte（）：从文件中读取一个字节，并将读取位置提升一个字节，重写了 Stream.Read（）。

（7）public override void Flush（）：清除此流的缓冲区，使得所有缓冲数据都写入到文件中。

【例 5-3】 使 用 FileStream 类 访 问 "D：\ bb. txt" 文 本 文 件，并 将 "aaaaaaaaaaaaaaaaaaaaaaaaaaaaaaaaaa"信息写入到 bb.txt 文件中，将"D：\bb.txt"中的内容读出来。

```
static void Main(){
    const string fileName = @"D：\ bb.txt";
    string str = "aaaaaaaaaaaaaaaaaaaaaaaaaaaaaaaaaa";
    byte[] dataArray = Encoding.Default.GetBytes(str);
    FileStream fStream = new FileStream(fileName, FileMode.Create);
    for(int i = 0; i < dataArray.Length; i ++){
        fStream.WriteByte(dataArray[i]);
    }
    fStream.Seek(0,SeekOrigin.Begin);
    for(int i = 0; i < fStream.Length; i ++){
        if(dataArray[i] != fStream.ReadByte()){
            Console.WriteLine("Error writing data.");
            return;
        }
    }
    Console.WriteLine("The data was written to {0} "+" and verified.",fStream.Name);
}
```

5.3　目录和路径操作类

5.3.1　Directory 类

Directory 类提供了用于移动、复制、删除目录的静态方法，Directory 类的所有方法都是静态的，直接使用类名调用。Directory 类常用的静态方法如表 5-8 所示。

【例 5-4】 使用 Directory 类判断 D 盘中是否有名 aa 目录，若存在，则打印输出相关信息，并删除该目录，若没有则创建该目录，并打印输出相关信息。

```
static void Main(string[] args){
    string myDir = @"d：\ aa";
    if (Directory.Exists(myDir)){ // Exists 方法判断文件夹是否存在

        Console.WriteLine("该文件夹已经存在");
```

```
            Directory.Delete(myDir);//删除目录
            Console.WriteLine("该文件夹已经删除");
    }
    else{
            //使用 Directory 类的 CreateDirectory 方法创建文件夹
            Directory.CreateDirectory(myDir);
            Console.WriteLine("d:\ aa 目录已创建");
    }
}
```

表 5-8　Directory 类中常用的静态方法

方法	说明
CreateDirectory	创建目录和子目录
Delete	删除目录及其内容
Exists	确定给定的目录字符串是否存在物理上对应的目录
Move	将文件和目录内容移到新位置
GetCurrentDirectory	获取应用程序的当前工作目录
SetCurrentDirectory	将应用程序的当前工作记录设置为指定的目录
GetCreationTime	获取目录的创建日期和时间
GetDirectories	获取指定目录中子目录的名称
GetFiles	获取指定目录中文件的名称

【例 5-5】　在 D 盘根目录下创建目录 aa,并在目录 aa 中创建若干子目录和若干文件,使用 GetDirectories 和 GetFiles 方法获取目录 aa 中所有的子目录和文件。

```
static void Main(string[] args){
    Directory.CreateDirectory(@"d:\ aa \ a");//创建目录 aa 及其子目录
    Directory.CreateDirectory(@"d:\ aa \ b");
    Directory.CreateDirectory(@"d:\ aa \ c");
    File.Create(@"d:\ aa \ a1.txt");//在目录 aa 中创建文件
    File.Create(@"d:\ aa \ a2.txt");
    File.Create(@"d:\ aa \ a3.txt");
    //获取目录 aa 中的子目录名称
    string[] dirs = Directory.GetDirectories(@"d:\ aa");
    Console.WriteLine(@"d:\ aa 下的子目录有:");
    foreach (string s in dirs) {//输出目录 aa 中的子目录名称
        Console.WriteLine(s);
    }
    string[] files = Directory.GetFiles(@"d:\ aa");//获取目录 aa 中的文件名称
    Console.WriteLine(@"d:\ aa 下的文件有:");
```

```
    foreach (string f in files) {//输出目录 aa 中的文件名称
        Console.WriteLine(f);
    }
}
```

5.3.2　DirectorInfo 类

Directory 类的所有方法都是静态的,因此可以在没有类实例的情况下进行调用。而 Directoryinfo 类提供用于创建、移动和枚举目录及子目录的实例方法。

DirectoryInfo 类的常用方法有:

(1) 构造方法:DirectoryInfo(String)。

public DirectoryInfo(string path):初始化指定路径上的 DirectoryInfo 类的新实例。

(2) GetDirectories() 获取当前目录或指定目录下的子目录,但不包含子目录中的子目录。

① public DirectoryInfo[] GetDirectories():返回当前目录的子目录。

② public DirectoryInfo[] GetDirectories(string searchPattern):返回当前 DirectoryInfo 中与给定搜索条件匹配的目录的数组。

其中参数 searchPattern 可包含有效路径和通配符(＊和?)字符,但不支持正则表达式。默认模式为“＊”,该模式返回所有文件。

(3) GetFiles() 获取当前目录或指定目录下的文件,最常用的两种形式:

① public FileInfo[] GetFiles():返回当前目录的文件列表。

② public FileInfo[] GetFiles(string searchPattern):返回指定目录中文件的名称(包括其路径)。

(4) Delete()删除当前目录或指定目录,最常用的两种形式:

① public override void Delete():如果此 DirectoryInfo 为空则将其删除。覆盖 FileSystemInfo.Delete()。

② public void Delete(bool recursive):删除 DirectoryInfo 的此实例,指定是否删除子目录和文件。

其中参数 recursive 决定是否要删除目录,若设置为 true 则删除此目录(不管是否为空);当设置为 false 时,可以删除此空目录,若此目录不为空,则出现异常。

(5) public void Create():创建目录。

(6) public DirectoryInfo CreateSubdirectory(string path):在指定路径上创建一个或多个子目录。

(7) public void MoveTo(string destDirName):将 DirectoryInfo 实例及其内容移动到新路径。

【例 5 - 6】　使用 DirectoryInfo 类判断 D 盘中是否有名 aa 目录,若存在,则打印输出相关信息,若没有则创建该目录,并打印输出相关信息。

```
static void Main(string[] args){
    string myDir = @"d:\ aa";
```

```
        DirectoryInfo dinfo = new DirectoryInfo(myDir);

        if (dinfo.Exists){//判断目录是否存在
            Console.WriteLine("该文件夹已经存在");
            Console.WriteLine(dinfo.Name);//输出目录名称
            Console.WriteLine(dinfo.FullName);//输出目录完整路径
            Console.WriteLine(dinfo.Attributes);//输出目录属性
            Console.WriteLine(dinfo.CreationTime);//输出目录创建时间
        }
        else {
            dinfo.Create();//创建目录
            Console.WriteLine("该文件夹已经创建");
        }
    }
```

【例 5 - 7】　File、FileInfor、Directory、DirectoryInfo 类综合使用

在 D 盘的根目录上创建目录 bb，将复制一些文件和文件夹到 bb 目录中。再使用 DirectoryInfo 类在 D 盘中创建 aa 目录，将 bb 目录中的所有内容拷贝到 aa 目录中，并删除 bb 目录。

```
static void Main(){
    string path1 = @"d:\ aa";
    string path2 = @"d:\ bb";
    DirectoryInfo dir = new DirectoryInfo(path1);
    if (! dir.Exists){//若指定目录不存在,则创建
        dir.Create();
    }
    dir = new DirectoryInfo(path2);
    //获取目录 bb 中的文件名称
    FileInfo[] files = dir.GetFiles();
    foreach (FileInfo f in files){
        string sourceFile = f.FullName;
        string desFile = path1 + @"\"+ f.Name;
        File.Copy(sourceFile, desFile);//复制文件
    }
    //获取目录 bb 中的子目录名称
    DirectoryInfo[] dirs = dir.GetDirectories();
    foreach (DirectoryInfo d in dirs) {
        string sourceDir = d.FullName;
        string desDir = path1 + @"\"+ d.Name;
        Directory.Move(sourceDir,desDir);//移动目录
    }
```

```
Directory.Delete(path2, true);//删除目录 bb
Console.WriteLine("已完成操作");
}
```

5.3.3 Path 类

同 Directory 类一样,Path 类的所有成员都是静态的,直接使用类名调用这些方法。Path 类的主要静态方法如表 5-9 所示。

表 5-9 Path 类的主要静态方法

方法	说明
ChangeExtension	更改路径字符串的扩展名
Combine	合并两个路径字符串
GetDirectoryName	返回指定路径字符串的目录信息
GetExtension	返回指定的路径字符串的扩展名
GetFileName	返回指定路径字符串的文件名和扩展名
GetFileNameWithoutExtension	返回不带有扩展名的指定路径字符串的文件名
GetFullPath	返回指定路径字符串的绝对路径
GetTempPath	返回当前系统的临时文件夹的路径
HasExtension	明确路径是否包括文件扩展名

5.4 读写文本文件

FileStream 类可以用于读、写各类型的文件,但对于文本文件,还有更方便的类可以用于读、写文本文件。在C#中,可以使 StreamWriter 类写文本文件,使用 StreamReader 类读文本文件,这节学习如何用 StreamWriter 和 StreamReader 类的方法和属性来创建、读、写文本文件,这两个类都是派生于 TextWriter 类,TextWriter 是一个定义了写入文本数据的基本功能的抽象类,StreamWriter 类和 StringWriter 类都是 TextWriter 类的具体实现。

5.4.1 StreamWriter 类

StreamWriter 类是用于将字符写入到流中特定的编码。StreamWriter 在默认情况下使用的的编码格式为 UTF8Encoding。

StreamWriter 类的常用方法有:

(1) 构造方法 StreamWriter()

StreamWriter 类的构造方法有多种重载形式,最常用的构造方法有:

① public StreamWriter(Stream stream):新实例初始化 StreamWriter 类为使用 UTF-8编码及默认的缓冲区大小指定的流。

② public StreamWriter(string path):新实例初始化 StreamWriter 类为指定的文件使

用默认的编码和缓冲区大小。

参数 path：带完整路径的文件名，如@"d：\abc\aa.txt"；

③ public StreamWriter(string path,bool append)：新实例初始化 StreamWriter 类为指定的文件使用默认的编码和缓冲区大小。如果该文件存在，则可以将其覆盖或向其追加。如果该文件不存在，此构造函数将创建一个新文件。

参数 append：true 将数据追加到该文件；false 覆盖该文件。如果指定的文件不存在，该参数无效，且构造函数将创建一个新文件。

④ public StreamWriter(string path,bool append,Encoding encoding)：实例初始化。StreamWriter 类通过使用指定的编码格式新建指定的文件或是向指定文件中追加内容。如果该文件存在，则可以将其覆盖（参数 append 为 false）或向其追加内容（参数 append 为 true）。如果该文件不存在，此构造函数将创建一个新文件。

参数 encoding：System.Text.Encoding。

（2）Write()方法

该方法有多种重载形式，可以写入多种格式的数据，最常用的是 Write(String)。

public override void Write(string value)：要写入流的字符串。如果 value 是 null，则不写入。写入数据后不写空行。

（3）WriteLine()方法

WriteLine()方法同 Write 方法相似，可以写入各种格式的数据，写完数据后，写入一个空行。

（4）Flush()方法

public override void Flush()：将内容写入到文件中。

（5）Close()方法

public override void Close()：关闭当前 StreamWriter 对象和基础流，即关闭当前文件。

【例 5－8】 使用 StreamWriter 类向 D 盘 aa 目录下的文本文件 test.txt 文件写入一些信息。

```
static void Main(){
    string path =@"d：\aa";

    if (!Directory.Exists(path)){
        Directory.CreateDirectory(path);
    }

    string fileName = @"d：\aa\test.txt";
    StreamWriter   sw = new StreamWriter(fileName, true);
    sw.WriteLine("aaaaaaaaa");
    sw.WriteLine("bbbbbbbb");
    sw.Flush();
    sw.Close();
    Console.Write("内容已写入{0}文件中", fileName);
}
```

5.4.2　StreamReader 类

StreamReader 类实现一个 TextReader，使其以一种特定的编码从字节流中读取字符。

StreamReader 类有许多方法，主要的方法有：

（1）StreamReader() 构造方法

StreamReader() 构造方法与 StreamWriter() 相关，有多种重载形式，主要的构造方法形式有：

① public StreamReader(Stream stream)：为指定的流初始化 StreamReader 类的新实例。

② public StreamReader(string path)：用指定的文件名初始化 StreamReader 类的新实例。

③ public StreamReader(string path,Encoding encoding)：用指定的字符编码，为指定的文件名初始化 StreamReader 类的一个新实例。在读文本文件时，如果出现乱码，则需要将 encoding 指定为 Encoding.Default。

（2）public override string ReadLine()

从当前流中读取一行字符并将数据作为字符串返回；如果到达了输入流的末尾，则为 null。

（3）public override string ReadToEnd()

将从文件当前位置到文件结尾的所有数据全部读取出来。如果当前位置位于流结尾，则返回空字符串("")。

（4）public override void Close()

关闭 StreamReader 对象和基础流，即关闭正在使用的文件。

StreamReader 类还有一个可以判断是否到文件末尾的属性：EndOfStream，当读数据到达文件末尾时，读该属性时返回 true，否则为 false。

【例 5 - 9】　使用 StreamReader 类从 D 盘目录下的文本文件 test.txt 中逐行读出所有内容。

```
static void Main(string[] args) 中的代码为:
string fileName = @"d:\ test.txt";
if (File.Exists(fileName)){
    StreamReader  sr = new StreamReader(fileName);
    string contents = sr.ReadLine();
    while (contents != null){
        Console.WriteLine(contents);
        contents = sr.ReadLine();
    }
}
else{
    Console.WriteLine(fileName + "文件不存在");
}
```

测试前,先在 test.txt 文件中输入以下内容:

```
www.niit.edu.cn,
123456789,
abcdefg,
没有其他内容了。
```

在例 5-9 中,在调用 StreamReader(string)构造函数时,可能会出现乱码,可以使用指定编码格式的 StreamReader(string,Encoding)构造函数,即 StreamReader sr = new StreamReader(fileName,Encoding.Default),就可以避免出现混码的情况。

5.5 小结

本章的主要内容有:
(1) 介绍了C#中的 System.IO 命名空间;
(2) 介绍了C#中用于文件操作的类;
(3) 介绍了C#中目录和路径有关的类;
(4) 介绍了C#中如何读写文本文件。

国家与社会

2021 年 1 月 1 日起,新中国成立以来第一部以"法典"命名的法律——民法典正式施行。为配合民法典的贯彻实施,维护国家法治统一和权威,全国人大常委会自去年下半年开展了民法典涉及法规、规章、司法解释及其他规范性文件专项审查和集中清理工作。下一步,将从加快完善和发展中国特色社会主义法律体系的高度,督促各有关方面持续落实清理计划,推动同民法典相关联、相配套的制度体系建设。同时,加强对各有关方面在清理工作中制定、修改并报送全国人大常委会备案的法规、司法解释的主动审查,及时发现并纠正处理同民法典规定及精神不一致的规范性文件,保障民法典得到正确实施。

在精心打磨课程本身内容的同时,依托C#语言在当前法治领域的应用案例,适当结合我国政府在依法治国和法治建设等方面的突出作用和重要成果,在教学过程中融入思想政治教育。在点滴之间影响学生,以行导人、以事服人、以情感人、以文化人,培养当代大学生的责任感、自豪感、荣誉感。

5.6 上机实践

5.6.1 关键字查找程序设计

编写一个关键字查找控制台应用程序,从控制台输入要查找的关键字,并在指定文档中查找该关键字,打印输出该关键字所在的那一行语句,最后统计该关键字在全文中出现的次数。

```
string fileName = "";
Console.WriteLine("请输入文件名称");
fileName = Console.ReadLine();
if (! File.Exists(fileName)){
        Console.WriteLine("文件不存在,请重新输入");
        return;
}
Console.WriteLine("请输入关键字");
string keyWord = Console.ReadLine();
string str = "";
int counts = 0;
StreamReader reader = new StreamReader(fileName);
Console.WriteLine("包含关键字的内容有:");
while (! reader.EndOfStream){
    str = reader.ReadLine();

    if (str.IndexOf(keyWord) >= 0) {
        counts ++;
        Console.WriteLine(str);
    }
}
Console.WriteLine("\""+ keyWord +"\"共出现了:"+ counts +"次");
reader.Close();
```

程序执行结果为

请输入要查找的文件:

d:\ DEMOS'Dreans.txt

请输入要查找的关键字:

dreams

包含该关键字的内容如下:

Hold fast to dreams

For if dreams die

Hold fast to dreams

For when dreams go

"dreams"共出现了 4 次。

5.6.2　作业统计程序设计

编写一个作业统计控制台应用程序,将学生名单放在文本文件 Student.txt 中,将学生的作业放在 D 盘的 aa 目录中,统计学生作业提交情况,并将统计信息放在 D 盘的 bb 目录中的 checkResult.txt 文件中。

```
string[] files = Directory.GetFiles(@"d:\aa");
StreamReader reader = new StreamReader(@"d:\students.txt");
string strStudentName = "";
int counts = 0;
StreamWriter writer = new StreamWriter("d:\\checkResult.txt");
while (!reader.EndOfStream){
    strStudentName = reader.ReadLine();
    writer.WriteLine(strStudentName +"提交的作业有:");
    Console.WriteLine(strStudentName + "提交的作业有:");
    counts = 0;
    foreach (string file in files){
        FileInfo fileInfo = new FileInfo(file);
        string strName = fileInfo.Name;

        if(strName.IndexOf(strStudentName)>= 0) {
            writer.WriteLine(file);
            Console.WriteLine(file);
            counts ++;
        }
    }
    Console.WriteLine("共提交了"+ counts + "次作业\r\n");
    writer.WriteLine("共提交了"+ counts +"次作业\r\n");
}
writer.Flush();
writer.Close();
reader.Close();
Console.WriteLine("作业统计情况信息放在 d:\\checkResult.txt");
Console.ReadLine();
```

程序执行结果为
aa 提交的作业有:
D:aa\aal.txt
D:\aa\aa2.txt
共提交了 2 次作业
bb 提交的作业有:
D:\aa\bbl.txt
D:\aa\bb2.txt
共提交了 2 次作业
作业统计情况信息放在 d:\checkResult.txt

5.7　习题

1. 编写一个控制台应用程序,程序功能要求:

(1) 在 D 盘根目录下创建一个自己的姓名拼音缩写的目录,并在目录中创建一个名为 test.txt 的文本文件,将 0~100 按每行一个数字的方式存储在该文件中。

(2) 将 test.txt 文件拷贝到将 E 盘根目录下作为备份文件。

2. 查阅资料,列出 StreamReader 类和 StreamWriter 类的常用属性和方法。

第6章 窗体式应用程序设计

前几章介绍的是控制台应用程序,是一种在命令行模式下运行的应用程序,没有良好的人机交互界面,使用不方便。本章将开始学习设计基于 WinForm 的窗体式应用程序,即 windows 应用程序。本章的主要内容是:

（1）了解控件的属性和事件。
（2）了解常用的控件类型。
（3）掌握在属性窗体中设置控件属性。
（4）掌握使用代码读取和设置控件属性。
（5）掌握基于控件事件驱动的程序设计。

6.1 控件的属性和事件

（1）控件的属性

控件都具有许多属性,由于.NET中大多数控件都派生于 System. Windows. Forms. Control 类,它们都继承了 Control 类最常见的属性,Control 类的常见属性如表 6 - 1 所示。

表 6 - 1 Control 类的常见属性

属性名称	说明
Anchor	设置控件的哪些边缘锚定到其容器边缘
Dock	设置控件停靠到父容器的哪一个边缘
BackColor	获取或设置控件的背景色
Cursor	获取或设置当鼠标指针位于控件上时显示的光标
Enabled	设置控件是否可以对用户交互作出响应
Font	获取或设置控件显示的文字的字体
ForeColor	获取或设置控件的前景色
Height	获取或设置控件的高度
Left	获取或设置控件的左边界到其容器左边界的距离
Name	获取或设置控件的名称
Parent	获取或设置控件的父容器
Right	获取或设置控件的右边界到其容器右边界的距离
TabIndex	获取或设置在控件容器上控件的 Tab 键顺序

属性名称	说明
TabStop	设置用户能否使用 Tab 键将焦点放到该控件上
Text	获取或设置与此控件关联的文本
Visible	设置是否在运行时显示该控件
Width	获取或设置控件的宽度

在一般的应用程序设计中,最需要关心的属性有:Name、Enabled、Visible、Text、Font。当然不同的控件需要关心的属性也可有所不同,将在后面各控件具体应用时再列出。

备注:在本书中,将所有控件的 Font 属性均设为"宋体小四号"。

(2) 控件的事件

Windows 窗体应用程序响应是基于事件驱动的。事件是指由系统事先设定的、能被控件识别和响应的动作,例如单击鼠标、按下某个键等,事件最适用于图形用户界面。

一般情况下,每个控件都有多个事件,当用户对控件对象进行某些操作(如单击某个按钮)时,系统就会将相关信息传递给对应的事件。

事件函数调用是当用户操作触发而自动调用的,不需要显式调用事件函数。

在设计 Windows 应用程序功能过程中,主要为各个控件编写处理事务需要的事件代码,一般只需要对必要的事件编写代码。在程序执行时由控件识别这些事件,然后去执行对应的代码。没有编写代码的事件是不会响应任何操作的。

Control 类定义了许多比较常见的事件,Control 类的常见事件如表 6-2 所示。

在一般的应用程序设计中,最常用的事件有:Click、DoubleClick,使用的事件与要实现的功能是相关的。如:对于按钮而言,一般关心是的 Click 事件;对于文本控制而言,可能是 KeyUp 事件。具体的应用将在后面的内容中介绍。

表 6-2　Control 类的常见事件

事件名称	说明
Click	在单击控件时发生
DoubleClick	在双击控件时发生
DragDrop	当一个对象被拖到控件上,然后用户释放鼠标按钮后发生
DragEnter	在被拖动的对象进入控件的边界时发生
DragOver	在被拖动的对象在控件的范围时发生
KeyDown	在控件有焦点的情况下按下任一键时发生,在 KeyPress 事件前发生
KeyPress	在控件有焦点的情况下按下任一键时发生,在 KeyUp 事件前发生
KeyUp	在控件有焦点的情况下释放键时发生
GetFocus	在控件接收焦点时发生
LostFocus	在控件失去焦点时发生
MouseDown	当鼠标指针位于控件上并按下鼠标键时发生

续　表

事件名称	说明
MouseMove	在鼠标指针移到控件上时发生
MouseUp	当鼠标指针位于控件上并释放鼠标键时发生
Paint	在重绘控件时发生
Validated	在控件完成验证时发生
Validating	在控件正在验证时发生
Resize	在调整控件大小时发生

（3）控件的命名规范

在使用控件的过程中，可以通过控件默认的名称调用。如果自定义控件名称，就要遵循控件的命名规范。常用的控件命名规范如表 6-3 所示。

表 6-3　常用控件的命名规范

控件名称	控件名称简写	标准命名举例
Form	frm	frmSystem
TextBox	txt	txtName
Button	btn	btnSend
ComboBox	cbox	cboxSelect
Label	lab	labName
DataGirdView	dgv	dgvName
Panel	pl	plName
GroupBox	gbox	gboxCOM
TabControl	tcl	tclSelect
ListBox	lb	lbShow
Timer	tmr	tmrFirst
CheckBox	chb	chbMessage
RadioButton	rbtn	rbtnSecond
PictureBox	pbox	pboxSave
MonthCalendar	Mcalen	McalenToday

6.2　常用的控件及应用

Windows 窗体遵循面向对象的方法，用于构建 Windows 窗体的用户界面的各种控件和组件都以类的形式提供。如前所述，Windows 窗体支持许多控件，在本节中探讨最常用的控件。可以从"工具箱"中将需要的控件拖放到窗体控件中。

本节将讲解图 6-1 中窗体上所用到的控件。

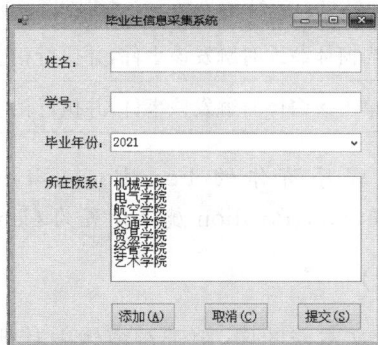

图 6-1　具有基本控件的窗体

6.2.1　窗体 Form

窗体 Form 可以看成是一个特殊的控件，是一个容器，主要用来定义应用程序的边界及容纳其他控件。

窗体 Form 的常用属性、方法和事件如表 6-4 所示。

表 6-4　窗体 Form 的常用属性、方法和事件

属性名称	说明
Name	获取或设置窗体的名称
Text	获取或设置窗体标题栏上显示的文字
Icon	设置窗体标题栏上显示的图标
Enabled	设置窗体内的所有控件是否可以对用户交互作出响应
StartPosition	用来获取或设置运行时窗体的起始位置
ControlBox	用来获取或设置一个值，该值指示在该窗体的标题栏中是否显示控制框。
MaximizeBox	用来获取或设置一个值，该值指示是否在窗体的标题栏中显示最大化按钮。
MinimizeBox	用来获取或设置一个值，该值指示是否在窗体的标题栏中显示最小化按钮。
IsMdiChild	获取一个值，该值指示该窗体是否为多文档界面（MDI）子窗体。
IsMdiContainer	获取或设置一个值，该值指示窗体是否为多文档界面（MDI）中的子窗体的容器。
MdiParent	该属性用来获取或设置此窗体的当前多文档界面（MDI）父窗体。
ShowInTaskbar	该属性用来获取或设置一个值，该值指示是否在 Windows 任务栏中显示窗体。
方法名称	说明
Show	设置显示窗体
Hide	设置隐藏窗体

续　表

事件名称	说明
Load	载入事件,当窗体载入时触发该事件,并执行相应的代码,默认事件
Click	单击事件,单击该窗体时触发该事件,并执行相应的代码

特别声明:本书中所有程序窗体的 FormBorderStyle 属性设置为 FixedSingle, MaximizeBox 属性设置为 False,StartPosition 属性设置为 CenterScreen。

6.2.2　标签控件(Lable)

标签控件(Lable)用于显示文本或图像,用于对窗体中其他控件进行标注或说明。在程序执行期间,标签控件的内容不能由用户编辑。

在图 6-1 中,"姓名"、"学号"、"毕业年份"和"所在院系"都是标签。在窗体中添加标签控件时,将创建一个 Label 类的实例。标签控件在工具箱中显示图标为 **A　Label**。

Lable 控件有许多属性、方法,一般不使用该控件的事件,其常用属性和方法如表 6-5 所示。

表 6-5　Label 控件的常用属性和方法

属性名称	说明
Name	获取或设置控件的名称
Text	获取或设置与此控件关联的文本
Font	获取或设置控件显示的文字的字体
Visible	设置是否在运行时显示该控件
Enabled	设置控件是否可以对用户交互作出响应
BackColor	获取或设置控件的背景色
TextAlign	决定 Lable 控件上的文本的对齐方式
方法名称	说明
Hide()	将该 Lable 控件隐藏
Show()	将该 Lable 控件显示

将 Label 控件放置在窗体中时,Visual Studio.Net 自动创建 System.Windows.Forms. Label 类的变量,如:

```
private System.Windows.Forms.Label label1;
this.label1 = new System.Windows.Forms.Label();
```

标签控件一般仅用来显示标注信息,仅需在属性栏设置其 Font 属性、Text 属性即可,很少需要编写事件代码。

6.2.3　文本控件(TextBox)

文本框控件用于获取用户输入的信息或向用户显示文本,文本框控件在 Windows 工具箱中显示为图标 abl TextBox。

文本框控件 TextBox 有许多属性、方法和事件,常用的属性、方法和事件如表 6-6 所示。

表 6-6　文本框最常用的属性、方法和事件

属性名称	说明
Name	获取或设置控件的名称
Text	获取或设置与此控件关联的文本
Font	获取或设置控件显示的文字的字体
Enabled	设置控件是否可以对用户交互作出响应
MaxLength	该属性表示可在文本框中输入的最大字符数
Multiline	该属性的值表示是否可在文本框中输入多行文本
PasswordChar	该属性表示显示的字符,而不是实际输入的文本。
ReadOnly	该属性的值确定文本框中的文本是否为只读
ScrollBars	该属性用于指定是否在多行文本框中显示滚动条
TextAlign	决定 Button 控件上的文本的对齐方式
方法	说明
Clear	该方法删除文本框内现有的所有文本
事件	说明
KeyPress	用户按一个键结束时将发生该事件
TextChanged	修改文本框内的文本时将触发该事件,默认事件

文本框控件设置文本框的代码如下:

```
this.textBox1.Text = "C#学习";
this.textBox1.TabIndex = 1;
```

通常文本框值用来接收输入的短信息,如姓名、地址等。

当文本框用于密码输入框时,需要设置 PasswordChar 的属性值,一般会设置为"＊"。

6.2.4　按钮控件(Button)

按钮控件提供用户与应用程序交互的最简便方法,用户可以点击该按钮来执行相关操作,一般用来执行某个确认操作,例如关闭窗口等。按钮控件在工具箱中显示图标为 ab Button。

Button 按钮控件一般只使用属性和事件,该控件的常用属性和事件如表 6-7 所示。

表 6 - 7   Button 按钮控件的常用属性和事件

属性名称	说明
Name	获取或设置控件的名称
Text	获取或设置控件显示的文本
Font	获取或设置控件显示文字的字体、字号
Visible	设置是否在运行时显示该控件
Enabled	设置控件是否可以对用户交互作出响应
TextAlign	Button 控件上文本的对齐方式
事件	说明
Click	单击按钮时将触发该事件,默认事件

6.2.5   列表框控件(ListBox)

列表框控件用于显示一个完整的选项列表,用户可从中选取一个或多个选项。列表中的每个元素都是一个"项",列表框控件在窗体工具箱中显示图标 📑   **ListBox** 。

列表框控件的常用属性、方法和事件如表 6 - 8 所示。

表 6 - 8   ListBox 列表框控件的常用属性、方法和事件

属性	说明
Name	列表框控件的名称
Font	列表框控件中显示内容的字体
Items	列表框中的所有的项
MultiColumn	列表框是否有多列
SelectionMode	设置为 SelectionMode.MultiSimple 或 SelectionMode.MultiExtended(它指示多重选择 ListBox)时使用
SelecetedIndex	当前选定项目的索引号,列表框中的每个项都具有一个索引号,从 0 开始。
SelectedItem	获取当前选定项的值
SelectedItems	获取所有当前选定项的值
SelectedValue	表示当前选定项的值
Sorted	决定是否对列表框中的项进行排序
Text	当前选定项的文本
事件	说明
SelectedIndexChanged	当在列表框中选择的内容发生变化时触发该事件,默认事件

其中 Items 属性:用于存放列表框中的列表项,是一个集合。通过该属性,可以添加列表项、移除列表项和获得列表项的数目。

在图 6 - 1 的例子中,可以在窗体装载的 Load 事件中为列表框 lbDeptName 增加几个

选择项,代码如下。

```
private void frmGraduateInfo _Load(object sender, EventArgs e){
        this. lbDeptName.Items.Add("机械学院");
        this. lbDeptName.Items.Add("电气学院");
        this. lbDeptName.Items.Add("航空学院");
        this. lbDeptName.Items.Add("交通学院");
        this. lbDeptName.Items.Add("贸易学院");
        this. lbDeptName.Items.Add("经管学院");
        this. lbDeptName.Items.Add("艺术学院");
}
```

或者在列表框 lbDeptName 的 Items 属性中打开"字符串集合编辑器",添加相应的选择项,如图 6-2 所示。

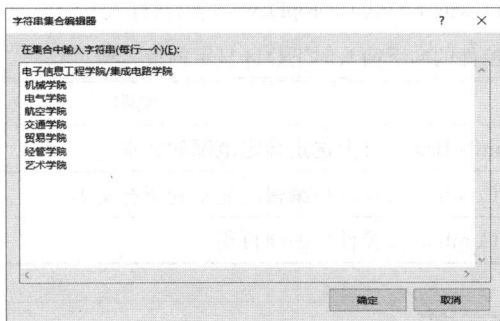

图 6-2 列表框控件的字符串集合编辑器

在列表框 lbDeptName 的 SelectedIndexChanged 事件中编码为:

```
private void lbDeptName_SelectedIndexChanged(object sender, EventArgs e){
    MessageBox.Show("程序员当前所在的学院为:"+ this. lbDeptName.Text);
}
```

6.2.6 组合框控件(ComboBox)

组合框控件结合了文本框和列表框控件的特点,该控件允许用户在组合框内键入文本或从列表中进行选择来选定项目,ComboBox 类派生自 ListControl 类,它几乎支持列表框控件的所有属性。组合框控件在 Windows 窗体工具箱中显示图标 **ComboBox**。

组合框控件的属性、方法和事件与 ListBox 控件有相同部分,除了 ListBox 控件的常用属性以外,组合框控件还有自己特有的属性,表 6-9 中列出了组合框控件特有的常用属性。

在图 6-1 图中,设置组合框 cboxGraYear 的 DropDownStyle 的属性值为"DropDownList",在窗体的加载事件中增加以下代码,为组合框增加选项值(注意选项值也可以在设计的时候通过 Items 属性进行添加)。

窗体加载事件中的代码为:

```
this.cboxGraYear.Items.Add("2021");
this.cboxGraYear.Items.Add("2020");
this.cboxGraYear.Items.Add("2022");
this.cboxGraYear.Items.Add("2018");
this.cboxGraYear.Items.Add("2017");
this.cboxGraYear.Items.Add("2016");
this.cboxGraYear.SelectedIndex = 0; //等价于 this.cboxGraYear.Text ="2021";
```

或者在组合框 cboxGraYear 的 Items 属性中打开"字符串集合编辑器",添加相应的选择项,如图 6-3 所示。

表 6-9　组合框特有的属性和方法

属性	说明
DropDownStyle	控件的样式。不同的样式包括 Simple(直铺式)、DropDownList(下拉列表式)和 DropDown(下拉式),DropDown 是默认样式
MaxDropDownItems	单击控件的向下箭头时下拉区显示的最大项目数
方法	说明
Select	在 ComboBox 控件上选定指定范围的文本
SelectAll	选取 ComboBox 控件可编辑区显示的所有文本
Clear	清除 ComboBox 控件里的项目集

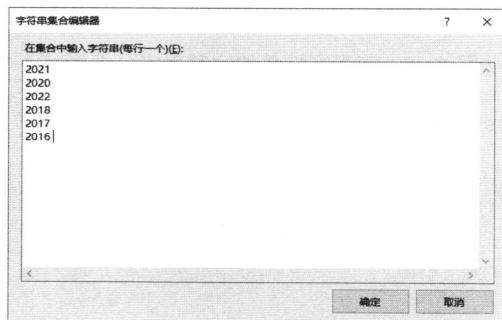

图 6-3　组合框控件的字符串集合编辑器

在组合框 cboxGraYear 的 SelectedIndexChanged 事件中编码为:

```
private void cboxGraYear_SelectedIndexChanged(object sender, EventArgs e) {
    MessageBox.Show("程序员毕业的年份是:"+ this.cboxGraYear.Text +"年");
}
```

6.2.7　应用程序示例

【例 6-1】　设计创建一个毕业生信息采集系统应用程序。在初始状态下,要求文本框控件、组合框控件、列表框控件是禁用的。点击"添加"按钮后这些控件可启用,点击"取消"

按钮后清除文本框控件中的内容,点击"提交"按钮后所有填写的内容在消息框中显示出来并退出应用程序。

操作的步骤如下:

Step1:新建一个 Windows 应用程序项目

将此项目命名为 GraduateDetails。此时将显示"设计"窗口。单击"视图"→"解决方案资源管理器",显示如图 6 - 4 所示的"解决方案资源管理器"窗体。

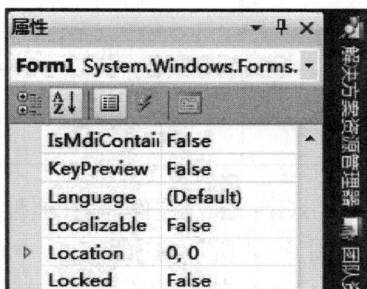

(1) 将 Form1.cs 文件修改为 frmGraduateDetails.cs。

(2) 单击"视图"→"属性",显示窗体的"属性"窗体,如图 6 - 5 所示。

图 6 - 4　"解决方案资源管理器"窗格　　　图 6 - 5　属性窗体

(3) 将窗体的 Name 属性修改为 frmGraduateDetails,Text 属性修改为"毕业生信息采集系统"。

(4) 单击"视图"→"工具箱",调用"工具箱"窗格,如图 6 - 6 所示。

图 6 - 6　工具箱

Step2:拖动工具箱中的控件

设计如图 6 - 1 所示的窗体,并为各个控件设置相关属性,如表 6 - 10 所示。

表 6 - 10　属性设置窗体

控件	名称	文本	说明
Label	labName	姓名:	
Label	labNumber	学号:	

续　表

控件	名称	文本	说明
Label	labYear	毕业年份：	
Label	labDeptName	所在院系：	
TextBox	txtName		
TextBox	txtNumber		
ComboBox	cboxGraYear	2021	
ListBox	lbDeptName		
Button	btnAdd	添加(& A)	
Button	btnCancel	取消(& C)	
Button	btnSubmit	提交(& S)	

（1）选择"cboxGraYear"控件，并在属性栏中单击"Items"属性。此时出现"字符串集合编辑器"，添加如图 6-3 所示的项目。

（2）在 lbDeptName 控件中添加"机械学院"、"电气学院"、"航空学院"、"交通学院"、"贸易学院"、"经管学院"和"艺术学院"这些内容。

（3）将 txtName、txtNumber、cboxGraYear、lbDeptName 四个控件中的 Enabled 属性修改为 False，禁用这些控件。

Step3：为各个控件添加事件驱动代码

（1）给窗体添加加载事件代码，实现毕业年份组合框的内容为 2000 年到 2024 年，并设定 2024 年是默认年份信息，直接双击窗体生成窗体的 Load 事件代码框架，在本框架中添加代码实现功能：将年份 2016 到年份 2021 添加到组合框中，并将年份 2021 设置为默认值。

```
private void frmGraduateDetails_Load(object sender, EventArgs e)
{
    for (int year = 2021; year >= 2016; year --)
    {
        cboxGraYear.Items.Add(year.ToString());
    }
    cboxGraYear.SelectedIndex = 0;
}
```

（2）选择窗体中的"添加"按钮。在"属性"窗口中单击"事件"工具栏按钮，如图 6-7 所示。

双击"属性"窗口中的 Click 事件。生成"添加"按钮的 Click 事件代码框架，在本框架中添加代码实现功能：将控件 txtName、控件 txtNumber、控件 cboxGraYear、控件 lbDeptName 的 Enabled 设置为 true，并让控件 txtName 获得焦点，方便用户使用。

图 6-7 给"添加"按钮添加事件驱动代码

```
private void btnAdd_Click(object sender, EventArgs e) {
    this.txtName.Enabled = true;
    this.txtNumber.Enabled = true;
    this.cboxGraYear.Enabled = true;
    this.lbDeptName.Enabled = true;
    lbDeptName.SelectedIndex = 0;
    txtName.Focus();
}
```

(3) 双击"取消"按钮,生成 Click 事件代码框架,在本框架中添加代码实现功能:清除姓名文本框中的内容并获得焦点,清除学号文本框中的内容,设置列表框内的选项为第 1 项,设置组合框中的显示文本为"2021"。

```
private void btnCancel_Click(object sender, EventArgs e) {
    txtName.Text = "";
    txtNumber.Clear();
    txtName.Focus();
    lbDeptName.SelectedIndex = 0;
    cboxGraYear.Text = "2021";
}
```

(4) 双击"提交"按钮,生成 Click 事件框架,在本框架中添加代码实现功能:判断姓名文本框和学号文本框是否填写内容,若没有填写,给出相应的提示信息,若信息填写完整,则显示所有信息。

```
private void btnSubmit_Click(object sender, EventArgs e) {
    string str = "";
    if(txtName.Text.Length == 0) {
        MessageBox.Show("请填写姓名", "警告", MessageBoxButtons.OK);
```

```
        txtName.Focus();
        return;
}
if(txtNumber.Text.Length == 0){
        MessageBox.Show("请填写学号","警告",MessageBoxButtons.OK);
        txtNumber.Focus();
        return;
}
str += "姓名:"+ txtName.Text.Trim() + "\ r \ n 学号:"+ txtNumber.Text.Trim();
    str += "\ r \ n 毕业年份:"+ cboxGraYear.Text + "\ r \ n 所在院系:";
    if(lbDeptName.SelectedItem != null) {
        str += lbDeptName.SelectedItem.ToString().Trim();
    }
    else {
        str += lbDeptName.Items[0].ToString().Trim();
    }

    MessageBox.Show(str,"信息",MessageBoxButtons.OK);
    }
}
```

测试结果如图 6 – 8 中(a)、(b)、(c)所示。

(a) 没有填写姓名　　　　　　　　　　　　　(b) 没有填写学号

（c）填写完整信息

图 6‑8　测试结果

6.2.8　分组控件（GroupBox）

分组框控件 GroupBox，在工具箱中的图标是 $\overset{xy}{[\ ]}$ **GroupBox**，常用于将实现一个功能相关的控件分组，典型应用如图 6‑9 所示。

GroupBox 控件一般只需要考虑 Name、Text 、Font 这三个属性。此若先设置 GroupBox 控件的 Font 属性，则该控件中的所有其他控件的 Font 属性全与 GroupBox 控件的 Font 属性相同。

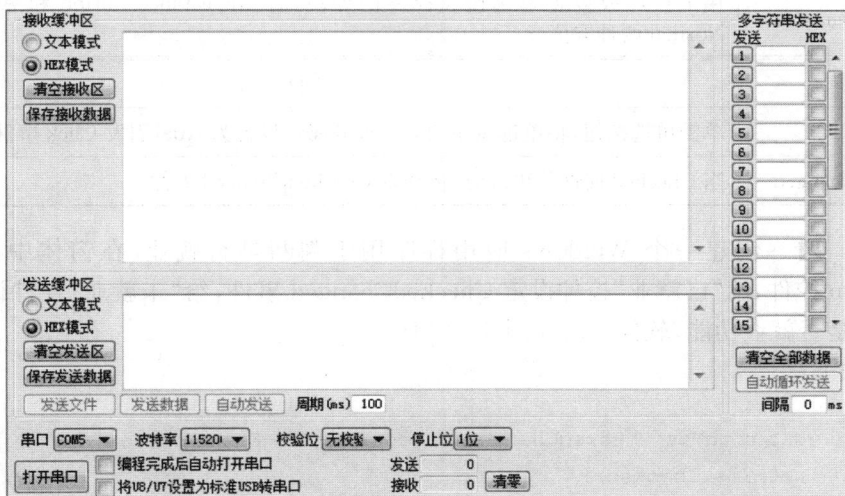

图 6‑9　分组框的典型应用

6.2.9　单选按钮控件(RadioButton)

单选按钮控件 RadioButton,在工具箱中的图标为 ◉　**RadioButton**,通常成组出现,用于提供多个互斥选项,即在一组单选钮中只能选择一个,典型应用示例如图 6-10 所示。

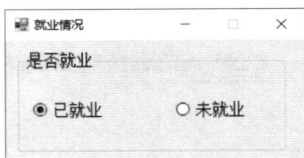

图 6-10　单选按钮应用示例

RadioButton 控件的常用属性和事件如表 6-11 所示。

表 6-11　RadioButton 控件的常用属性和事件

属性名称	说明
Name	获取或设置控件的名称
Text	获取或设置与此控件关联的文本
Font	获取或设置控件显示的文字的字体
Visible	设置是否在运行时显示该控件
Enabled	设置控件是否可以对用户交互作出响应
Checked	用来设置或返回单选按钮是否被选中,选中值为 true,没选中值为 false。
AutoCheck	AutoCheck 属性被设置为 true(默认),当选择该单选按钮时,将自动清除该组中所有其他单选按钮。一般不需改变该属性,采用默认值(true)即可
Appearance	用来获取或设置单选按钮控件的外观,有 Appearance.Button 和 Appearance.Normal 两种取值。
事件	说明
Click	单击单选按钮,将单选按钮的 Checked 属性设置为 true,引发 Click 事件
CheckedChanged	当 Checked 属性值更改时,将触发 CheckedChanged 事件。

【例 6-2】　创建一个 Windows 应用程序用于判断是否就业,在窗体中添加两个 RadioButton 控件,给"已就业"控件设定 CheckedChanged 事件,给"未就业"控件设定 Click 事件,判断是否就业功能,软件界面如图 6-10 所示。

代码如下:

```
private void rbtnYes_CheckedChanged(object sender, EventArgs e){
    if (rbtnYes.Checked){
        MessageBox.Show("就业情况"+ rbtnYes.Text);
    }
}
```

```
private void rbtnNo_Click(object sender, EventArgs e){
    if (rbtnNo.Checked){
        MessageBox.Show("就业情况"+ rbtnNo.Text);
    }
}
```

6.2.10　复选按钮控件(CheckBox)

复选按钮控件 CheckBox 用来表示是否选取了某个选项,常用于多项选择,该控件的常用属性和事件如表 6－12 所示。

表 6－12　CheckBox 控件的常用属性和事件

属性名称	说明
Name	获取或设置控件的名称
Text	获取或设置与此控件关联的文本
Font	获取或设置控件显示的文字的字体
Visible	设置是否在运行时显示该控件
Enabled	设置控件是否可以对用户交互作出响应
Checked	用来设置或返回单选按钮是否被选中,选中时值为 true,没有选中时值为 false。
事件	说明
Click	当单击单选按钮时,将把单选按钮的 Checked 属性值设置为 true,同时发生 Click 事件
CheckedChanged	当 Checked 属性值更改时,将触发 CheckedChanged 事件。

【例 6－3】　创建一个调查业余爱好的 Windows 应用程序,界面如图 6－11 所示。

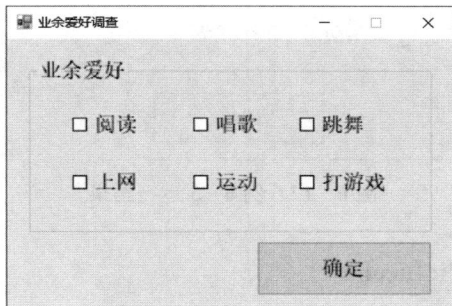

图 6－11　多选按钮应用

"确定"按钮的事件驱动代码为:

```
private void btnOK_Click(object sender, EventArgs e){
    string message = "你的业余爱好有:";
```

```
if (chbRead.Checked) {
    message += chbRead.Text + ",";
}
if (chbSing.Checked) {
    message += chbSing.Text + ",";
}
if (chbDance.Checked) {
    message += chbDance.Text + ",";
}
if (chbWeb.Checked) {
    message += chbWeb.Text + ",";
}
if (chbSports.Checked) {
    message += chbSports.Text +",";
}
if (chbGame.Checked) {
    message += chbGame.Text + ",";
}
message = message.Remove(message.Length- 1, 1);//去掉最后一个逗号
MessageBox.Show(message,"提示信息");//设置消息框标题
}
```

运行结果如图 6-12 所示。

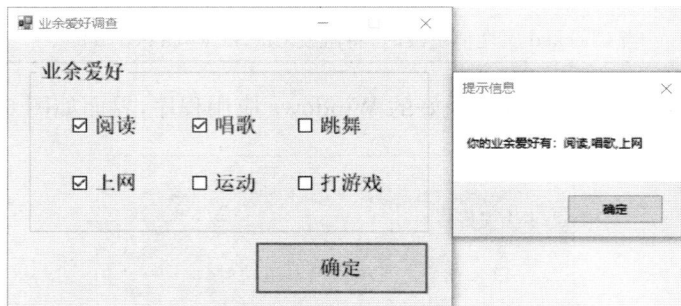

图 6-12 例 6-3 运行结果

6.2.11 图片控件(PictureBox)

PictureBox 控件又称图片框,常用于图形设计和图像处理应用程序,在该控件中可以加载的图像文件格式有:位图文件(.Bmp)、图标文件(.ICO)、图元文件(.wmf)、.JPEG 和.GIF文件。一般只需要掌握该控件的 Name、Image、SizeMode 属性。

常用属性:

(1) Image 属性:用来设置控件要显示的图像。把文件中的图像加载到图片框通常采用以下三种方式。

① 设计时单击 Image 属性，在其后将出现［...］按钮，单击该按钮将出现一个［打开］对话框，在该对话框中找到相应的图形文件后单击［确定］按钮。

② 产生一个 Bitmap 类的实例并赋值给 Image 属性。形式如下：

```
Bitmapp = newBitmap(图像文件名);
pictureBox 对象名.Image = p;
```

③ 通过 Image.FromFile 方法直接从文件中加载。形式如下：

```
pictureBox 对象名.Image = Image.FromFile(图像文件名);
```

（2）SizeMode 属性：用来决定图像的显示模式。可以指定的各种模式包括 AutoSize、CenterImage、Normal 和 StretchImage。默认值为 Normal。

6.2.12　定时器控件(Timer 控件)

Timer 控件具有定时功能，该控件的主要属性和事件有：

（1）主要属性有：Name、Interval、Enable；其中 Interval 的单位是 ms。

（2）事件：Timer 控件只有一个事件 Tick。

当 Enable 属性设置为 true 后，程序一旦运行 Timer 控件开始计时，计时到 Interval 属性设定值时，会自动触发 Tick 事件。

6.2.13　状态栏控件(StatusStrip)

StatusStrip 控件通常处于窗体的最底部，用于显示窗体上对象的相关信息，或者显示应用程序的信息。

StatusStrip 控件由 ToolStripStatusLabel 对象组成，每个这样的对象都可以显示文本、图标或同时显示这两者。

StatusStrip 还可以包含 ToolStripDropDownButton、ToolStripSplitButton 和 ToolStripProgressBar 控件，　　　StatusStrip　　　为 StatusStrip 控件。

【例 6－4】　创建一个 Windows 应用程序，在图 6－11 的基础上，添加状态栏控件 StatusStrip，将状态栏分成三部分：第一部分显示"作者：XXX"样式信息；第二部分显示显示当前日期和时间；第三部分显示进度条 ToolStripProgressBar 控件，单击加载"按钮"后，加载进度条。

实现步骤：

Step1：在图 6－11 的基础上添加 StatusStrip 控件，并取名为 ss_6_4。

Step2：点出 StatusStrip 的 Items 属性，在状态栏上添加两个 StatusLabel，如图 6－13 所示；再添加一个 ProgressBar，如图 6－14 所示。

Step3：选中 ToolStripStatusLabel1，将 Name 属性设置为：tsslAuther，Text 属性设置为：作者：niit（或自己的名字）；选中 ToolStripStatusLabel2，将 Name 属性设置为：tsslDateTime，Text 属性设置空；选中 ToolStripProgressBar1，将 Name 属性设置为：tspbProress，Maximum 属性设置为100，Minimum 属性设置为0，Step 设置为10，Size 属性

设置为 250,19。

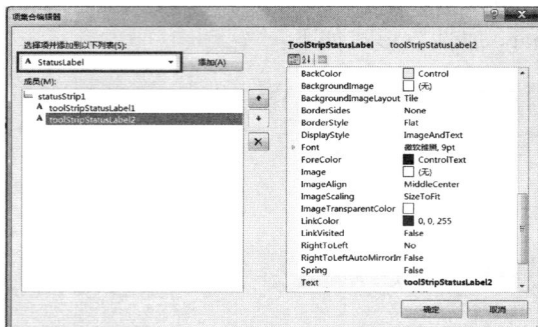

图 6-13　添加 **StatusLabel**

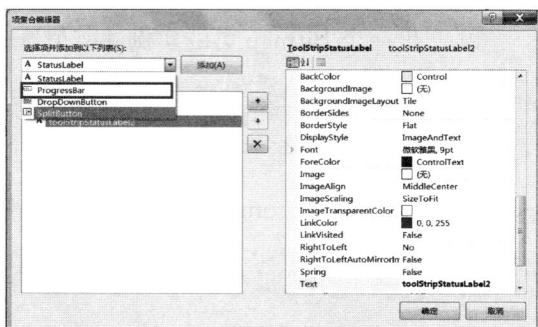

图 6-14　添加 **ProgressBar**

Step4：从工具栏中添加 Timer 控件到窗体中，并将 Interval 属性设置为 1000，Enabled 属性设置为 true。

Step5：直接双击 Timer 控件，进入 Timer 的 Tick 事件，编写 Timer 的 Tick 事件驱动代码。

```
private void timer1_Tick(object sender, EventArgs e){
    tsslDateTime.Text = DateTime.Now.ToString("yyyy- MM- dd HH:mm:ss");

    if (tspbProgress.Value < 100) {
        tspbProgress.Value += tspbProgress.Step;
    }
    else{
        tspbProgress.Value = 0;
    }
    tspbProgress.PerformStep();
}
```

程序的运行结果如图 6-15 所示。

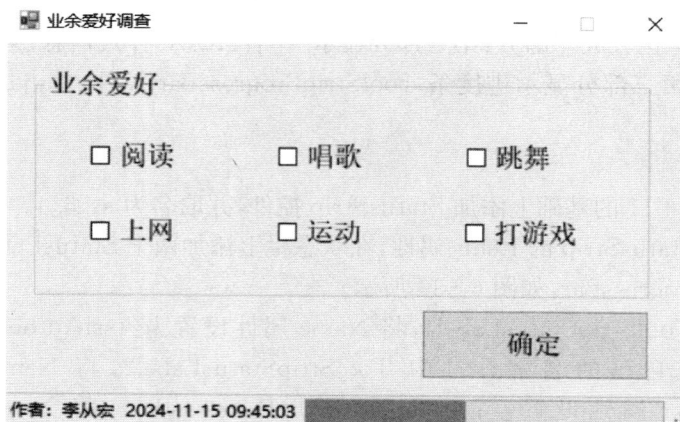

图 6-15　例题 6-4 运行结果图

6.2.14 列表视图控件(ListView)

ListView 控件(列表视图控件)显示带图标的项的列表,可以显示大图标、小图标和数据。使用 ListView 控件可以创建类似 Windows 资源管理器右窗口的用户界面。图 ListView 所示为 ListView 控件。

(1) ListView 的常见属性:

① GridLines:设置行和列之间是否显示网格线。(默认为 false)提示:只有在 Details 视图该属性才有意义。

② View:获取或设置项在控件中的显示方式,包括 Details、LargeIcon、List、SmallIcon、Tile(默认为 LargeIcon)。

③ MultiSelect:设置是否可以选择多个项。

④ SelectedItems:获取在控件中选定的项。

⑤ Scrollable:设置当没有足够空间来显示所有项时是否显示滚动条。(默认为 true)

⑥ Groups:设置分组的对象集合。

(2) ListView 控件的常用事件:

① Click:点击列表视图。

② ColumnClick:当用户在列表视图控件中单击列标头时发生。

ListView 控件可以通过 View 属性设置项在控件中显示的方式,View 属性的值及说明如表 6-13 所示。

表 6-13 View 属性的值及说明

属性值	说明
Details	每个项显示在不同的行上,并带有关于列中所排列的各项的进一步信息。最左边的列包含一个小图标和标签,后面的列包含应用程序指定的子项。列显示一个标头,它可以显示列的标题。用户可以在运行时调整各列的大小。
LargeIcon	每个项都显示为一个最大的图标,在它的下面有一个标签。默认的视图模式。
List	每个项都显示为一个小图标,在它右边带一个标签,各项排列在列中,没有列标头。
SmallIcon	每个项都显示为一个小图标,在它右边带一个标签
Title	每个项都显示为一个完整大小的图标,在它的右边带项标签和子项信息。(只有 Windows XP 和 Windows Server 2003 系列支持)

【例 6-5】 创建一个 Windows 窗体应用程序,在主窗体中添加一个 ListView 控件,两个 TextBox 控件和两个 Button 控件。一个 TextBox 控件用于向 ListView 控件中添加数据,另一个控件用于从 ListView 控件中读取数据,Button 控件控制 ListView 控件的两个操作具体界面如图 6-16 所示。要求 ListView 控件要显示网格线、列名,便于查看数据。写入数据格式为"xx,xx,xx"。

图 6 - 16　ListView 控件案例图

程序主要代码如下：

```
private void frmlvReadWrite_Load(object sender, EventArgs e){
    this.lvShow.View = View.Details;    //设置为表格状
    this.lvShow.GridLines = true;       //显示网格线
    this.lvShow.Columns.Add("第一列",80,HorizontalAlignment.Center);
    this.lvShow.Columns.Add("第二列",80,HorizontalAlignment.Left);
    this.lvShow.Columns.Add("第三列",80,HorizontalAlignment.Right);
}
private void btnWrite_Click(object sender, EventArgs e){
    string value = "";
    value = this.txtWrite.Text;

    if (value == ""){
        MessageBox.Show("要写入的数据不能为空");
    }
    else{
        if (value.LastIndexOf("")> value.IndexOf("")){
            string[] _str = value.Split(');  //以" "分隔字符串并存储在数组中
            ListViewItem lvi = new ListViewItem();
            lvi.Text = _str[0]; //在第一列添加字符串_str[0]
            lvi.SubItems.Add(_str[1]); //在第二列添加字符串_str[1]
            lvi.SubItems.Add(_str[2]); //在第二列添加字符串_str[1]
            this.lvShow.Items.Add(lvi); //将对象添加进 ListView 控件中
        }
        else{
```

```
                      MessageBox.Show("请参照"xx xx xx"格式重新输入字符");
                  }
              }
        }
private void btnRead_Click(object sender, EventArgs e){
      if (this.lvShow.SelectedItems.Count > 0){//若有选择项,只读取选中的数据
            for (int i = 0; i < this.lvShow.Items.Count; i ++){//循环 ListView 控件的行
                  if (this.lvShow.Items[i].Selected){
                        //循环 ListView 控件中存在的列
                        for (int j = 0; j < this.lvShow.Items[i].SubItems.Count; j ++){
                              //在文本框内添加数据
                              txtRead.Text += this.lvShow.Items[i].SubItems[j].Text + "";
                        }
                  }
                  txtRead.Text += "\ r \ n"; //一行数据添加结束后换行
            }
      }
      else{//若没有选择数据,则读取所有数据
            for (int i = 0; i < this.lvShow.Items.Count; i ++){//循环 ListView 控件的行
                  //循环 ListView 控件中存在的列
                  for (int j = 0; j < this.lvShow.Items[i].SubItems.Count; j ++){
                        //在文本框内添加数据
                        txtRead.Text += this.lvShow.Items[i].SubItems[j].Text + "";
                  }
                  txtRead.Text += "\ r \ n"; //一行数据添加结束后换行
            }
      }
}
```

测试结果如图 6 - 17 所示。

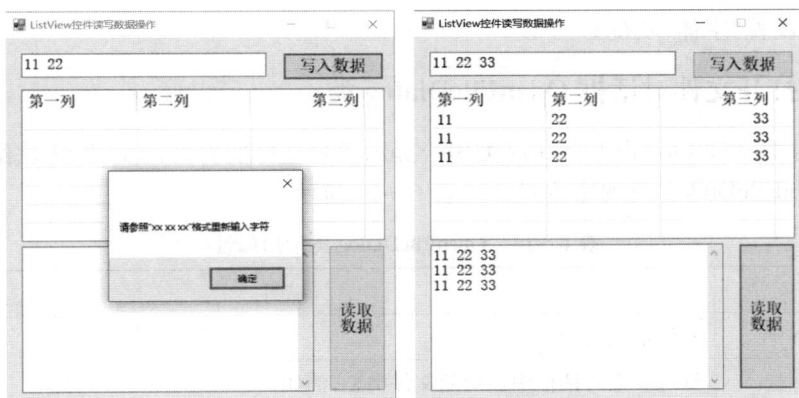

图 6 - 17　程序执行图

6.3　菜单设计

Windows 的菜单系统是图形用户界面(GUI)的重要组成之一,在C#中使用 MainMenu 控件可以很方便地实现 Windows 的菜单,MainMenu 控件在工具箱中的图标为 ▤　**MenuStrip**。

(1) 菜单项的常用属性

① Text 属性:用来获取或设置一个值,通过该值指示菜单项标题。当使用 Text 属性为菜单项指定标题时,还可在字符前加一个"&"指定热键(访问键,即加下划线的字母)。例如,若要将"File"中的"F"指定为访问键,应将菜单项的标题指定为"& File"。

② Enabled 属性:用来获取或设置一个值,通过该值设置菜单项是否可用。值为 true 时表示可用,值为 false 表示禁止使用。

③ RadioCheck 属性:用来获取或设置一个值,通过该值指示选中的菜单项的左边是显示单选按钮还是选中标记。值为 true 时将显示单选按钮标记,值为 false 时显示选中标记。

④ Shortcut 属性:用来获取或设置一个值,该值指示与菜单项相关联的快捷键。

⑤ ShowShortcut 属性:用来获取或设置一个值,该值指示与菜单项关联的快捷键是否在菜单项标题的旁边显示。如果快捷组合键在菜单项标题的旁边显示,该属性值为 true,如果不显示快捷键,该属性值为 false。默认值为 true。

⑥ MdiList 属性:用来获取或设置一个值,通过该值指示是否用在关联窗体内显示的多文档界面(MDI)子窗口列表来填充菜单项。若要在该菜单项中显示 MDI 子窗口列表,则设置该属性值为 true,否则设置该属性的值为 false。默认值为 false。

(2) 菜单项的常用事件

菜单项的常用事件主要有 Click 事件,该事件在用户单击菜单项时发生。

6.4　项目——设计记事本软件

6.4.1　项目要求

本记事本软件仿照 Windows 自带的记事本软件,实现"新建"、"打开"、"保存"、"另存为"、"退出"、设置"字体"功能。

6.4.2　打开文件对话框 OpenFileDialog 类

打开文件对话框 OpenFileDialog 类用于提示用户选择要打开的文件,无法继承此类。

(1) OpenFileDialog 类的主要属性如表 6 - 14 所示。

表 6 - 14　**OpenFileDialog 类常用属性**

属性	说明
InitialDirectory	对话框的初始目录
Filter	筛选要在对话框中显示的文件类型,例如: "图像文件(* .JPG; * BMP)| * .JPG; * BMP|所有文件(* . *)|(* . *)"

属性	说明
RestoreDirectory	控制对话框在关闭之前是否恢复当前目录。
FileName	第一个显示在对话框的文件或最后一个选取的文件。
Title	对话框标题栏显示的字符内容。
AddExtension	是否自动添加默认扩展名。
CheckPathExists	在对话框返回之前,检查指定的路径是否存在。
DefaultExt	设置默认扩展名。
DereferenceLinks	在从对话框返回前是否取消引用快捷方式。
ShowHelp	是否启用"帮助"按钮。
ValiDateNames	控制对话框检查文件名是否只接受有效的文件名。
Multiselect	控制对话框,是否允许选择多个文件。
FileOk	当用户单击"打开"或"保存"时要触发的事件。
HelpRequest	当用户单击"帮助"按钮时要触发的事件。

（2）OpenFileDialog 类的主要方法为 ShowDialog（）

public DialogResult ShowDialog（）：运行通用对话框,已重载。

6.4.3　保存文件对话框 SaveFileDialog 类

保存文件对话框 SaveFileDialog 类用于提示用户选择要保存文件,与 OpenFileDialog 类具有相同的属性和方法。

6.4.4　字体对话框 FontDialog 类

字体对话框 FontDialog 类用于提示用户从本地计算机上选择字体和字号。

（1）FontDialog 对话框常见属性如表 6-15 所示。

表 6-15　FontDialog 类常见属性

属性	说明
ShowEffects	是否显示字体效果
ShowColor	是否显示颜色控件
Font	设置初始字体属性
Color	设置初始颜色属性
MaxSize	设置能够选择的最大字体
MinSize	设置能够选择的最大字体

（2）FontDialog 类的主要方法为 ShowDialog（）

public DialogResult ShowDialog（）：运行通用对话框,已重载。

6.4.5　消息对话框 MessageBox 类

消息框 MessageBox 类通常用于显示一些提示和警告信息，通过调用 MessageBox 类的静态 Show 方法实现显示信息。

Show 方法被重载多种形式，最常用的有：

（1）Show(String)：显示具有指定文本的消息框。

（2）Show(String，String)：显示具有指定文本和标题的消息框。

（3）Show(String，String，MessageBoxButtons)：显示具有指定文本、标题和按钮的消息框。

（4）Show(String，String，MessageBoxButtons，MessageBoxIcon)：显示具有指定文本、标题、按钮和图标的消息框。

（5）Show(String，String，MessageBoxButtons，MessageBoxIcon MessageBoxDefaultButton)：显示具有指定文本、标题、按钮、图标和默认按钮的消息框。

6.4.6　MessageBoxButtons 枚举

MessageBoxButtons 枚举指定要显示的按钮的常数，其枚举值如表 6-16 所示。

表 6-16　MessageBoxButtons 枚举的枚举值

静态常量成员	说明
AbortRetryIgnore	显示"终止""重试""忽略"按钮
Ok	显示"确定"按钮
OkCancel	显示"确定""取消"按钮
RetryCancel	显示"重试""取消"按钮
YesNo	显示"是""否"按钮
YesNoCancel	显示"是""否""取消"按钮

6.4.7　MessageBoxIcon 枚举

MessageBoxIcon 枚举指定常数来定义要显示的信息，其枚举值如表 6-17 所示。

表 6-17　MessageBoxIcon 枚举值

静态常量成员	说明
Asterisk	提示图标
Error	错误图标
Exclamation	警告图标
Hand	指示图标
Information	提示图标

续　表

静态常量成员	说明
Question	问号图标
Stop	错误图标
Warning	警告图标
None	消息框未包含符号

6.4.8　设计界面

记事本软件界面如图 6-18 所示。

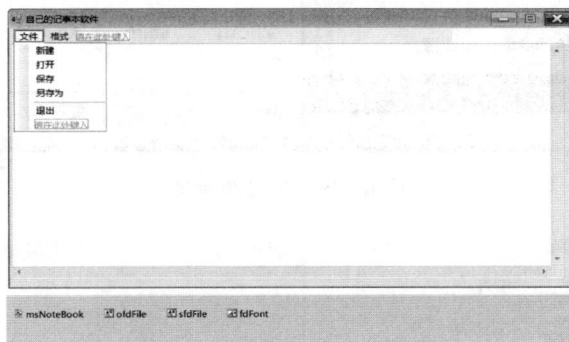

图 6-18　记事本软件界面

（1）添加 TextBox 到窗体中，将 Name 属性设置为 txtData；Text 属性设置为空；MultiLine 属性设置为 true；ScrollBars 属性设置为 Both；WordWrap 属性设置为 false。

（2）添加菜单控件 MenuStrip 到窗体中，将 Name 属性设置为 msNoteBook，Text 属性设置为空。

（3）设置一级菜单"文件"，将 Name 设置为 tsmiFile；Text 属性设置为"文件"。

（4）设置一级菜单"格式"，将 Name 设置为 tsmiFormat；Text 属性设置为"格式"。

（5）在"文件"菜单下添加二级菜单"新建""打开""保存""另存为""退出"。将各二级菜单的 Name 属性依次设置为：tsmiNew、tsmiOpen、tsmiSave、tsmiSaveAs、tsmiExit。

（6）在"格式"菜单下添加二级菜单"字体"，将 Name 属性设置为 tsmiFont。

（7）从工具栏中添加 OpenFileDialog 控件，在属性窗体中将 Name 属性设置为 ofdFile，将 Filter 属性设置为"文本文件（＊.txt）|＊.txt"。

（8）从工具栏中添加 SaveFileDialog 控件，在属性窗体中将 Name 属性设置为 sfdFile，将 Filter 属性设置为"文本文件（＊.txt）|＊.txt"。

（9）从工具栏中添加 FontDialog 控件，在属性窗体中将 Name 属性设置为 fdFont。

（10）给菜单分别设置热键，"文件（&F）""新建（&N）""打开（&O）""保存（&S）""另存为（&A）""退出（&E）""格式（&O）""字体（&F）"。

（11）在属性栏中分别给"文件""新建""打开""保存""退出"设置快捷键，以新建为例，设置方法如图 6-19 所示，设置好的最终界面如图 6-20 所示。

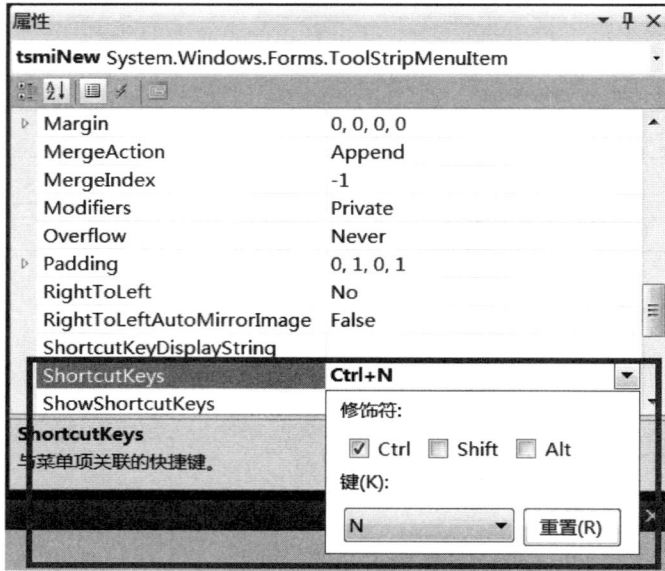

图 6-19　设置快捷键

图 6-20　最终界面

6.4.9　功能实现编程

设定成员变量 string _fileName = "";

（1）"新建"菜单功能实现代码：

```csharp
private void tsmiNew_Click(object sender, EventArgs e){
    txtData.Text = "";
}
```

（2）"打开"菜单功能实现代码：

```csharp
private void tsmiOpen_Click(object sender, EventArgs e){
    if (ofdFile.ShowDialog() == DialogResult.OK){
        _fileName = ofdFile.FileName;
        StreamReader reader = new StreamReader(_fileName,Encoding.Default);
        txtData.Text = reader.ReadToEnd();//读出所有内容显示
        reader.Close();
    }
}
```

（3）"保存"菜单功能实现代码：

```
private void tsmiSave_Click(object sender, EventArgs e) {
    if (txtData.Text == "") {
        return;
    }

    if (_fileName == "") {//若是新建情况下的保存,必须先得到文件名
        if (sfdFile.ShowDialog() == DialogResult.OK) {
            _fileName = sfdFile.FileName;
        }
    }
    //防止用户在打开保存文件对话框时点击了"取消"按钮
    if (_fileName != "") {
        StreamWriter writer = new StreamWriter(_fileName);
        writer.Write(txtData.Text);
        writer.Flush();
        writer.Close();
    }
}
```

（4）"另存为"菜单功能实现代码：

```
private void tsmiSaveAs_Click(object sender, EventArgs e) {
    if (txtData.Text == "") {//若文件内容为空,则不做任何操作
        return;
    }
    if (sfdFile.ShowDialog() == DialogResult.OK) {
        string filePath = sfdFile.FileName;
        StreamWriter writer = new StreamWriter(filePath);
        writer.Write(txtData.Text);
        writer.Flush();
        writer.Close();
    }
}
```

（5）"退出"菜单功能实现代码：

```
private void tsmiExit_Click(object sender, EventArgs e) {
    Application.Exit();
}
```

（6）"字体"菜单功能实现代码：

```
private void tsmiFont_Click(object sender, EventArgs e) {
```

```
    if (fdFont.ShowDialog() == DialogResult.OK){
        txtData.Font = fdFont.Font;
    }
}
```

6.5　小结

本章的主要内容有：

（1）介绍了C#中的一些常用控件的属性、方法和事件。

（2）通过一个应用实例介绍了C#中的标签控件、文本框控件、按钮控件、组合框控件和列表框控件等基本控件。

（3）介绍了C#中的分组框控件、单选按钮控件、复选框控件、图片控件、月历控件和状态栏控件等高级控件。

（4）通过实例介绍了C#的菜单设计。

（5）通过学习制作自己的记事本软件加深对C#中的控件的认识和对项目实战的引导。

思维与创新

在国内开发中小型企业管理软件系统时，首选的开发工具应该是C#，首选的软件架构应该是 Winform。理由是：（1）企业桌面操作系统90％以上是 Windows 系统，用C#开发的软件系统兼容性会更好，不存在 B／S 软件浏览器的兼容性问题。（2）基于C#的 WinForm 开发速度快，版本升级可以平滑过渡。（3）开发基于C#的 WinForm 程序只需要掌握C#新版本的新增功能和开发工具的新增功能，不需要为学习各种框架而疲于奔命。（4）基于C#的 WinForm 程序可以充分地利用 Windows 的底层资源，如对端口的调用，对各种硬件资源的调用，这是 B／S 结构软件所无法比拟的。

6.6　上机实践

6.6.1　改进记事本软件功能

同时运行自己设计的记事本软件和 Windows 自带的记事本软件，查看在功能完成程度上有何不同，并解决以下几个问题，修改程序达到 Windows 自带记事本软件同样的效果。

（1）若是将文本文件中的内容读入到文本框中，文本框中的内容在没有修改的情况下，"新建"文件时该如何处理？

（2）若是将文本文件中的内容读入到文本框中，文本框中的内容在做了修改的情况下，"新建"文件时该如何处理？

（3）若是在已"新建"文件且已输入信息的情况下，再"新建"文件时该如何处理？

（4）关闭窗体时，应该做哪些处理？

6.6.2　人体体温数据采集程序设计

设计一个人体体温采集软件，并实现规定的功能。

Step1：设计应用程序界面。

程序界面如图 6 - 21 所示。

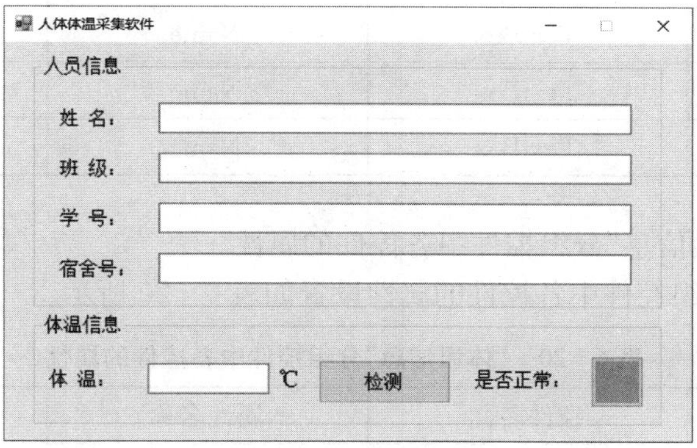

图 6 - 21　界面设计

Step2：设置窗体的属性。

窗体属性如表 6 - 18 所示。

表 6 - 18　窗体属性

控件类型	控件名称	属性名称	属性值
窗体	Form	Name	frmTempCheck
		Text	人体体温采集软件

Step3：设置"人员信息"分组控件中各控件的属性。

将"人员信息"分组控件中各控件的属性设置如表 6 - 19 所示。

表 6 - 19　"人员信息"分组控件中各控件的属性

控件类型	控件名称	属性名称	属性值
分组控件	GroupBox	Name	gboxPerson
		Text	人员信息
标签控件	Label	Name	labName
		Text	姓　名：
标签控件	Label	Name	labClass
		Text	班　级：
标签控件	Label	Name	labNumber
		Text	学　号：

续　表

控件类型	控件名称	属性名称	属性值
标签控件	Label	Name	labDorm
		Text	宿舍号：
文本控件	TextBox	Name	txtName
文本控件	TextBox	Name	txtClass
文本控件	TextBox	Name	txtNumber
文本控件	TextBox	Name	txtDorm

Step4：设置"体温信息"分组控件中各控件的属性。

将"体温信息"分组控件中各控件的属性设置如表 6-20 所示。

表 6-20　"体温信息"分组控件中各控件的属性

控件类型	控件名称	属性名称	属性值
分组控件	GroupBox	Name	gboxTemp
		Text	体温信息
标签控件	Label	Name	labTemp
		Text	体　温：
文本控件	TextBox	Name	txtTemp
标签控件	Label	Name	labC
		Text	℃
按钮控件	Button	Name	btnCheck
		Text	检测
标签控件	Label	Name	labCheck
		Text	是否正常：
按钮控件	Button	Name	btnColor
		Text	
		BackColor	Green

Step5：实现下列功能：

当姓名、班级、学号、宿舍号、体温等对应的文本控件中输入内容后，点击"检测"按钮后，判定体温是否正常，并弹出相应的消息框提示，体温正常，亮绿灯，体温异常，亮红灯。要求验证所有文本控件中的内容是否为空，若未填写完整，则应该给出"信息填写不完整"的提示信息，光标在姓名文本框 txtName 闪烁，运行效果如图 6-22 所示。

```
private void btnCheck_Click(object sender, EventArgs e){
        if (txtName.Text == "" ‖ txtClass.Text == "" ‖ txtNumber.Text == "" ‖
txtDorm.Text == "" ‖ txtTemp.Text == "") {
                MessageBox.Show("信息填写不完整");
                txtName.Focus();//聚焦姓名文本控件
        }
        else{
                if (double.Parse(txtTemp.Text) > 38){
                        btnColor.BackColor = Color.Red;
                        MessageBox.Show("体温异常,请立即去医院就诊!");
                }
                else{
                        btnColor.BackColor = Color.Green;
                        MessageBox.Show("体温正常,请佩戴好口罩进入教室!");
                }
        }
}
```

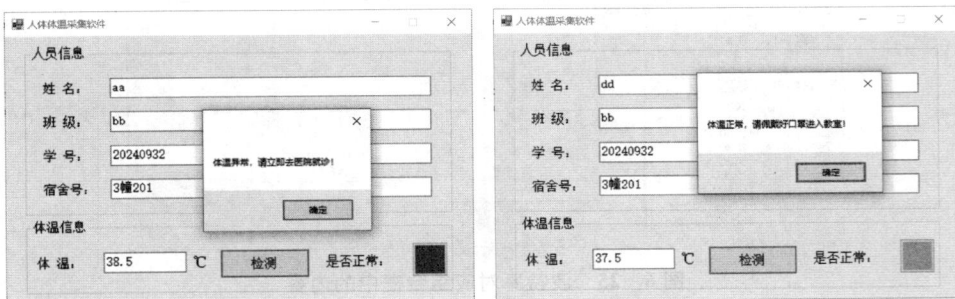

图 6-22　人体体温采集软件运行效果

6.7　习题

（1）设计如图 6-23 的界面，要包含组合框、按钮、文本框、"接收数据"等。

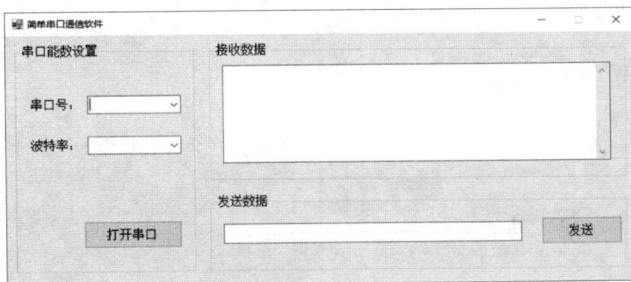

图 6-23　软件界面

（2）完成以下几个功能

功能1：当窗体加载时，COM对应用组合框中添加的内容如图6-24所示，且"COM1"为第一个显示内容。

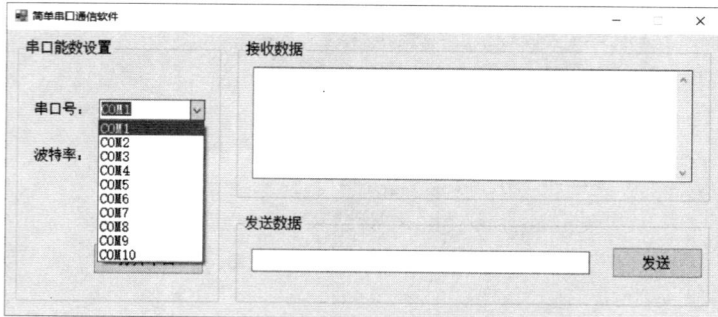

图6-24　COM对应组合框中的内容

波特率对应的组合框中添加的内容如图6-25所示，且"9600"为第一个显示的内容。

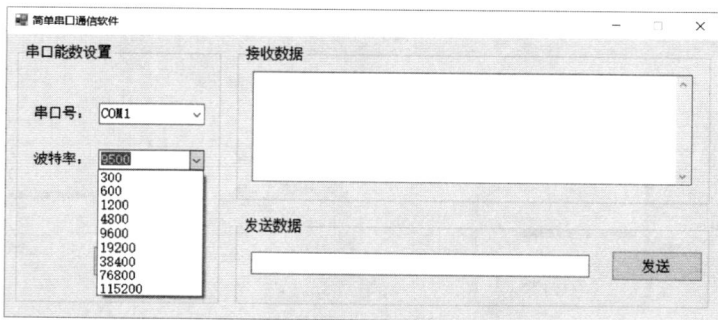

图6-25　波特率对应组合框中的内容

"打开串口"按钮可用，单行文本框、多行文本框及发送按钮不可用。

功能2：选择合适的COM口和波特率后，点击"打开串口"按钮，该按钮上的文字变成"关闭串口"，单行文本框、多行文本框及发送按钮可用；再次点击该按钮，该按键上的文字变成"打开串口"，单行文本框、多行文本框及发送按钮不可用，软件界面如图6-26所示。

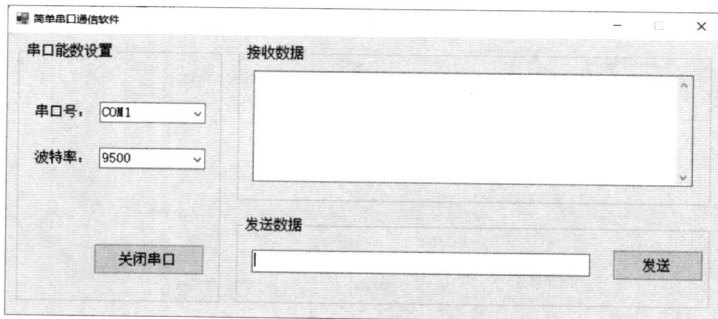

图6-26　点击"打开串口"按键后的界面

功能 3：在发送文本框中输入内容，点击"发送"按钮发送数据，要求验证发送文本框中的内容是否为空。若为空，则应该给出"发送内容不能为空"的信息，发送文本框 txtSend 选中，等待用户输入信息，软件测试结果如图 6-27 所示；若不为空，将发送文本框中的内容显示在接收文本框中，测试结果如图 6-28 所示。

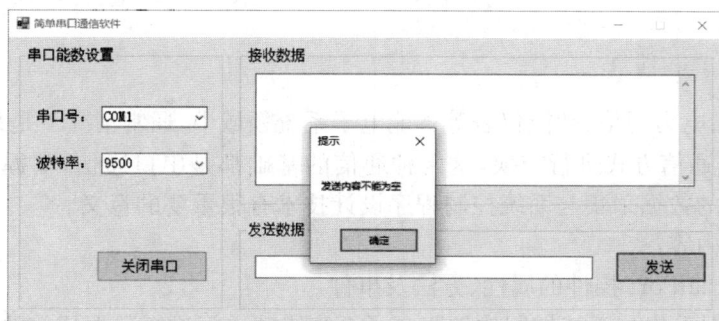

图 6-27　发送文本框的内容为空的测试结果

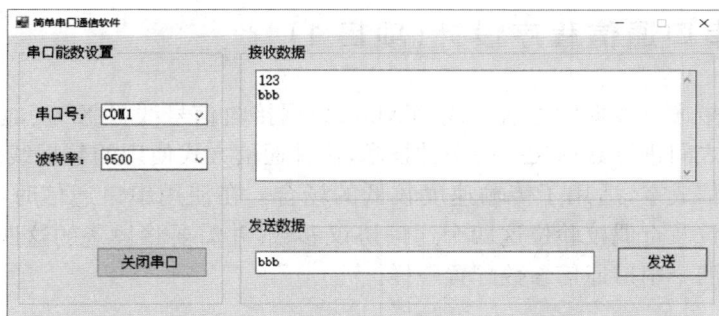

图 6-28　发送文本框的内容不为空的测试结果

第7章 串口通信程序设计

在工业控制、电力通信、智能仪表等智能电子系统领域中，通常情况下是采用 RS32 串口通信或用 RS485 通信方式进行交换，这两种通信的基础都是串口通信，掌握使用 C# 语言设计基于串口通信的数据采集与系统控制程序设计技术有很重要的意义。

本章的主要内容：

(1) 掌握 SerialPort 控件的属性、方法及事件。

(2) 了解数据采集与系统控制软件跟电子系统终端之间进行数据通信的协议。

(3) 掌握对采集到的数据进行解析、保存的技术。

7.1 简易串口通信程序设计(项目1)

串口通信是指通过数据发送信号线(TXD)、数据接收信号线(RXD)、地线(GND)三线在设备和计算机之间进行数据交换的一种技术，这种通信方式使用的数据线少，在远距离通信中可以节约通信成本，适用于传输速度较低的场合。在使用串口通信时，需要确定波特率、数据位、停止位及奇偶校验位这四个通信协议参数，并需要将设备的这四个串口通信参数和计算机的这四个串口通信参数配置一样。

7.1.1 SerialPort 控件

在 WinForm 编程中，可以使用 SerialPort 控件实现在设备与计算机之间进行串口通信。

SerialPort 控件的主要属性、方法和事件如表 7-1 所示。

表 7-1 SerialPort 控件的主要属性、方法和事件

属性名称	说明
Name	获取或设置控件的名称
PortName	获取或设置通信端口，包括但不限于所有可用的 COM 端口
BaudRate	获取或设置串行波特率
DataBits	获取或设置数据位
StopBits	获取或设置每个字节的标准停止位数
Parity	获取或设置奇偶校验检查协议
IsOpen	获取一个值，该值指示打开或关闭状态
BytesToRead	获取接收缓冲区中数据的字节数

续　表

属性名称	说明
Enabled	设置控件是否可以对用户交互作出响应
方法名称	说明
Open	打开串口
Close	关闭串口
WriteLine	向串口写一行数据,由串口自动发送出去
ReadLine	从串口读一行数据
ReadExisting	从串口读所有立即可用的字节
事件名称	说明
DataReceived	当 SerialPort 对象接收到数据接时触发的事件。

特别声明,本实验平台的波特率均设置为 9600。

7.1.2　项目需求

设计一个简易串口通信软件,具体要求为:

(1) 将作业 6.8 习题设计中的软件拷贝并将解决方案改成 example7_1,修改软件界面如图 7-1 所示。

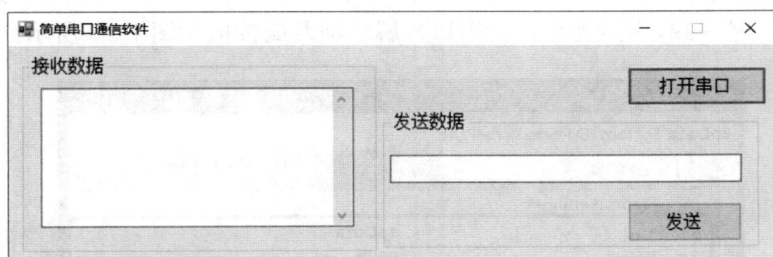

图 7-1　软件界面

(2) 安装 CH340 的串口通信程序 ch341ser.exe(只需要安装一次),将实验平台通过 USB 数据线接入到计算机中,打开计算机的设备管理器,找到串口号,如图 7-2 所示。

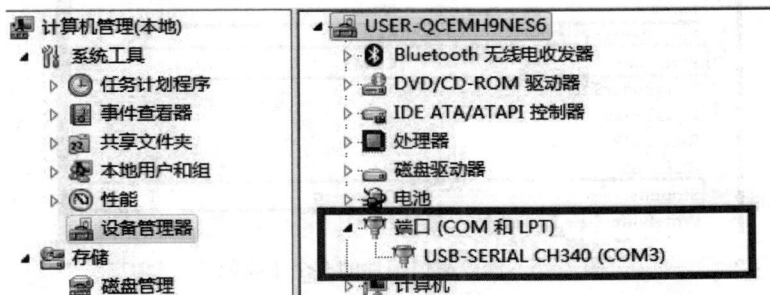

图 7-2　查找计算机中的串口号

（备注:也可以是其他类型的 USB 转串口设备）

（3）在工具箱中找到如图 7-3 所示的 SerialPort 控件,并将其拖到窗体中,软件界面如图 7-4 所示。

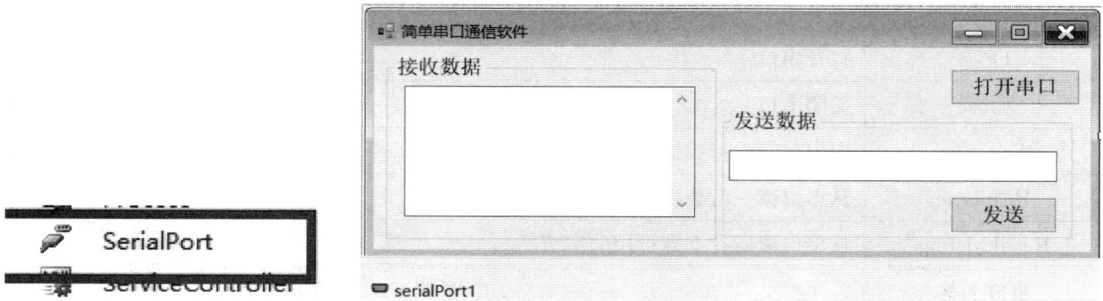

图 7-3 工具栏中的 SerialPort 控件

图 7-4 简易串口通信软件界面

7.1.3 串口通信协议及控件属性值

串口通信协议是指在串行通信中,传输数据时所遵循的一种约定、规范或格式。它定义了数据的传输方式、传输速率、数据的起始和停止位、校验方式等。串口通信协议的存在使得不同设备之间能够进行有效的数据传输和交流。

本项目的串口通信协议为:波特率 9600、数据位 8、停止位 1 位、校验位 None。

在属性栏中设置 SerialPort 控件相应属性的相关属性值(特别注意:串口号要与计算机中查找到的串口号一致,不然无法打开串口),属性项及属性值如图 7-5 所示。

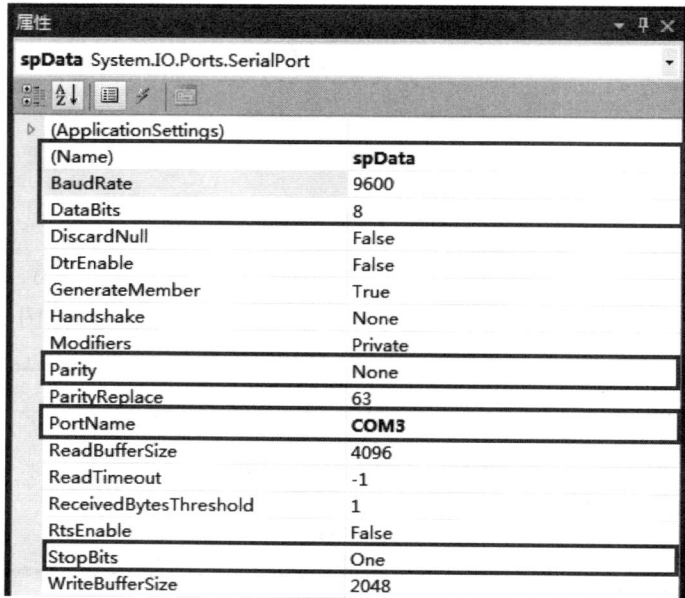

图 7-5 修改串口控件的两个主要属性

7.1.4　项目功能实现

各控件的事件驱动代码为：

(1) "打开串口"的 Click 事件中编写以下代码：

```
private void btnOpen_Click(object sender, EventArgs e){
    try{//单击"打开串口"时单击按钮,打开串口,按钮显示"关闭串口"
        if (btnOpen.Text == "打开串口"){
            this.spData.Open();
            gboxReceive.Enabled = true;
            gboxSend.Enabled = true;
            txtSendData.Focus();
            btnOpen.Text = "关闭串口";
        }
        else{//再次单击按钮,关闭串口,按钮显示"打开串口"
            this.spData.Close();
            gboxReceive.Enabled = false;
            gboxSend.Enabled = false;
            btnOpen.Text = "打开串口";
        }
    }
    catch(Exception ex){//捕获串口异常,提示串口不存在
        MessageBox.Show("串口不存在或被占用");
    }
}
```

(2) 在发送按钮的 Click 事件中编写如下代码：

```
private void btnSend_Click(object sender, EventArgs e){
    try{
        if (txtSend.Text == string.Empty){
            MessageBox.Show("要发送的数据不能为空");
            this.txtSend.Focus();//获取焦点
        }
        else{//将要写入的数据写入到串口中
            this.spData.WriteLine(txtSend.Text);
            txtSend.Text = "";   //清空发送文本框
            this.txtSend.Focus();
        }
    }
    catch(Exception ex){
        MessageBox.Show(ex.ToString());
    }
```

```
}
```

在 SerialPort 控件的 DataReceive 事件中编写如下代码：

```
private void spData_DataReceived(object sender,SerialDataReceivedEventArgs e)
{ //将发送的数据接收并显示在文本框中,不覆盖原来发送的数据
    this.txtReceive.Text += this.spData.ReadExisting()+"\ r \ n";
}
```

（3）项目测试

Step1：将实验平台插入到计算机的 USB 接口,在设备管理器中找到串口通信端口号,如图 7-6 所示。

图 7-6　找串口通信端口

Step2：打开配置软件,选择正确的串口端口,点击"打开"按钮,选择项目编号,点击"配置"按钮,如图 7-7 所示。

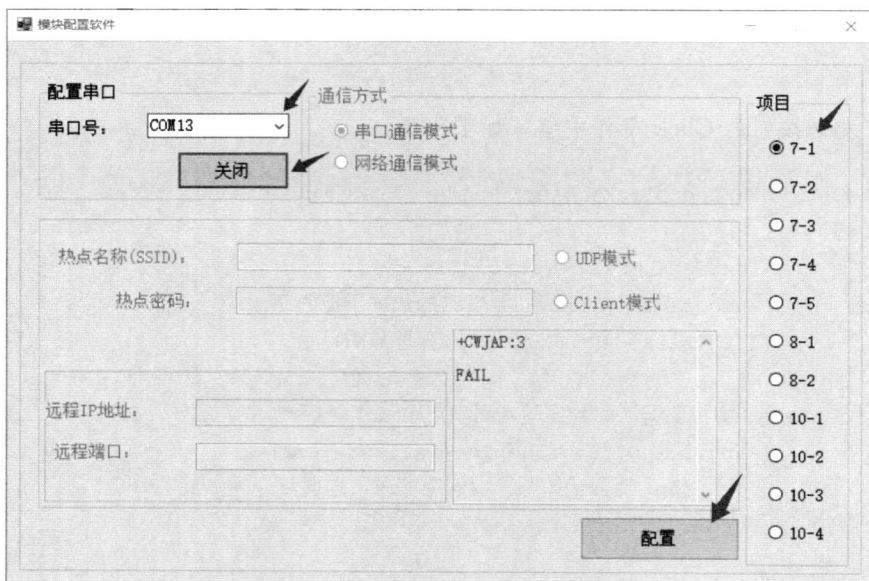

图 7-7　配置实验平台软件

Step3：打开项目 7-1 软件,在属性栏中设置 SerialPort 控件的参数,如图 7-8 所示。

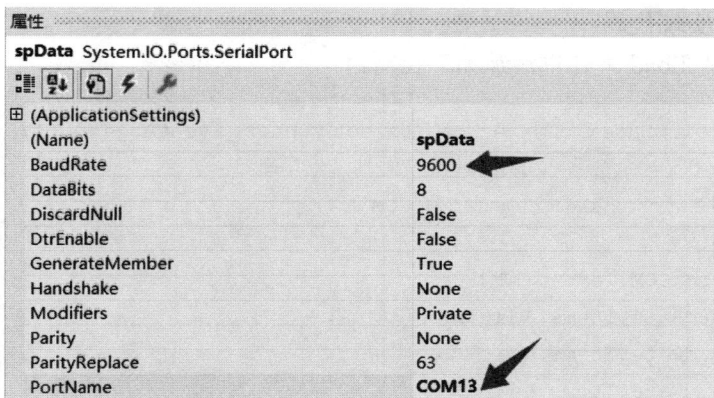

图 7-8　配置 SerialPort 控件参数

Step4：运行程序，点击"打开串口"按钮，在发送文本框中输入要传输的信息，点击"发送"按钮，测试结果如图 7-9 所示。

图 7-9　测试结果

7.1.5　改进版串口通信程序设计(项目 2)

提问：项目 1 还有哪些不足之处？

Step 1：设计软件界面

拷贝作业 6.8 习题设计中的软件并将解决方案改成 example7_2，添加 SerialPort 控件并命名为 spData，软件界面如图 7-10 所示。

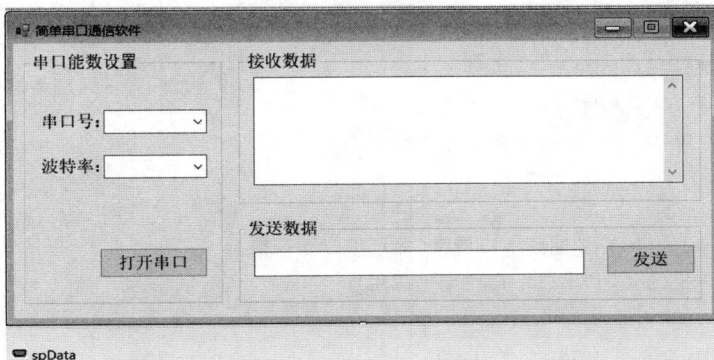

图 7-10　修改后的界面

Step 2:功能实现代码
(1) 在窗体的 Load 事件中添加如下代码：

```
private void frmDataExchange_Load(object sender, EventArgs e){
    for (int i = 1; i <= 20; i++){ //添加二十个串口号
        this.cboxCOM.Items.Add("COM"+ i);
    }
    this.cboxCOM.Text ="COM1";
    cboxBaudRate.Items.Add(300);
    cboxBaudRate.Items.Add(600);
    cboxBaudRate.Items.Add(1200);
    cboxBaudRate.Items.Add(4800);
    cboxBaudRate.Items.Add(9600);
    cboxBaudRate.Items.Add(19200);
    cboxBaudRate.Items.Add(38400);
    cboxBaudRate.Items.Add(76800);
    cboxBaudRate.Items.Add(115200);
    cboxBaudRate.Text = "9600";
}
```

(2) 在"打开串口"按钮的 Click 事件中编写如下代码：

```
try{ //单击"打开串口"时单击按钮,打开串口,按钮显示"关闭串口"
    if (btnOpen.Text == "打开串口"){
        spData.PortName = cboxCOM.Text;
        spData.BaudRate = int.Parse(cboxBaudRate.Text);
        this.spData.Open();
        btnOpen.Text = "关闭串口";
        gboxReceive.Enabled = true;
        gboxSend.Enabled = true;
    }
    else{ //再次单击按钮,关闭串口,按钮显示"打开串口"
        this.spData.Close();
        btnOpen.Text = "打开串口";
        gboxSend.Enabled = false;
        gboxReceive.Enabled = false;
    }
}
catch (Exception ex){ //捕获串口异常,提示串口不存在
    MessageBox.Show("串口不存在或被占用");
}
```

（3）在"发送"按钮的 CLick 事件中编写如下代码：

```
try{
    if (txtSend.Text == string.Empty){
        MessageBox.Show("要发送的数据不能为空");
        this.txtSend.Focus();//获取焦点
    }
    else{//将要写入的数据写入到串口中
        this.spData.Write(txtSend.Text);
        txtSend.Text = "";    //清空发送文本框
        this.txtSend.Focus();
    }
}
catch (Exception ex){
        MessageBox.Show(ex.ToString());
}
```

（4）在 SerialPort 控件的 DataReceive 事件中编写如下代码：

```
private void spData_DataReceived(object sender,SerialDataReceivedEventArgs e)
{//将发送的数据接收并显示在文本框中,不覆盖原来发送的数据
    this.txtReceive.Text += this.spData.ReadExisting()+"\ r \ n";
}
```

Step3：运行测试
测试过程同项目 1。

7.2　数字电压计数据采集程序设计（项目 3）

7.2.1　项目需求分析

本项目的设计界面如图 7－11 所示，只有在正确打开串口的情况下才能执行数据采集。具体实现功能如下：

（1）设定合适的串口号、波特率、校验位、数据位、停止位等一系列参数后打开串口，"打开串口"指示灯变为红色。

（2）打开串口成功后，接收文本框中接收到格式为 x.xxVxxxxmA 的字符串数据，并且把相应的电压值和电流值解析出来，在相应的位置显示（"电压值："右边的文本框显示电压值，单位 V；"电流值："右边的文本框显示电流值，单位 mA）。

（3）串口未打开时，数据接收区不可用。

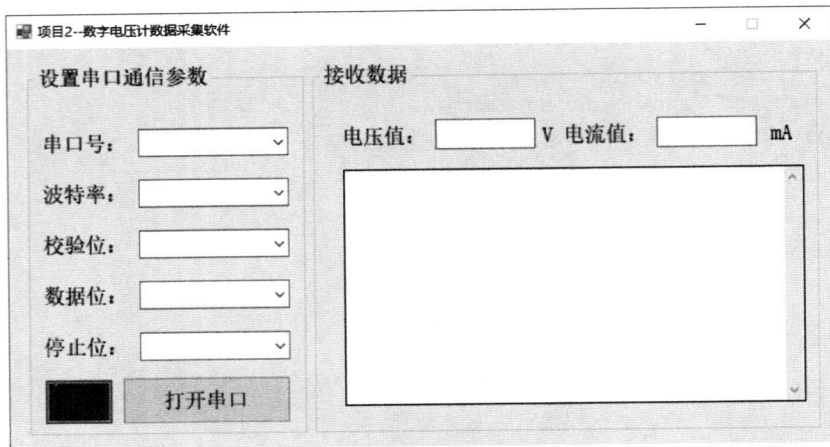

图 7 - 11　数字电压计数据采集控制软件界面

7.2.2　串口通信协议

串口通信协议为:波特率 9600、数据位 8、停止位 1 位、校验位 None。实验板上传数据格式为 x.xxVxxxxmA 的字符串数据上来,V 左边的数据表示电压,mA 左边的数据表示电流,位数不固定。

7.2.3　项目界面设计

Step1:创建应用程序工程

新建一个 Windows 窗体式应用程序,将此项目命名成"Voltmeter",将"Form1.cs"文件修改为"frmVoltmeter",添加各控件到窗体中,界面如图 7 - 11 所示。

Step2:设置控件属性

设置各控件的相关属性如表 7 - 2 所示。

表 7 - 2　控件各属性及属性值

控件名称	Name 属性	Text 属性	说明
Form	frmVoltmeter	数字电压计数据采集控制软件	
Groupbox	gboxSet	设置串口通信参数	
Groupbox	gboxReceive	接收数据	
ComboBox	cboxCOM		
ComboBox	cboxBaudRate		
ComboBox	cboxParity		
ComboBox	cboxDataBits		
ComboBox	cboxStopBits		
Lable	labCOM	串口号:	

控件名称	Name 属性	Text 属性	说明
Lable	labBaudRate	波特率：	
Lable	labParity	校验位：	
Lable	labDataBits	数据位：	
Lable	labStopBits	停止位：	
Button	tnOpen	打开串口	
Button	btnColor		将 BackColor 属性设置为 Color.Black
TextBox	txtReceive		Multiline：True ScroolBars：Vertical
TextBox	txtVol		
TextBox	txtCur		
Lable	labVol	电压值：	
Lable	labV	V	
Lable	labCur	电流值：	
Lable	labmA	mA	
SerialPort	spData		

7.2.4　项目功能实现

（1）在窗体的加载事件中添加如下代码：

```
private void frmVoltmeter _Load(object sender, EventArgs e) {
    for (int i = 1; i <= 20; i ++) {//添加 20 个串口号
            cboxCOM.Items.Add("COM"+ i);
    }
    cboxCOM.Text ="COM1";
    cboxBaudRate.Items.Add("4800");//添加波特率
    cboxBaudRate.Items.Add("9600");
    cboxBaudRate.Items.Add("19200");
    cboxBaudRate.Items.Add("115200");
    cboxBaudRate.Text = "9600";//波特率默认值为 9600
    cboxParity.Items.Add("None");//添加奇偶校验状态
    cboxParity.Items.Add("Even");
    cboxParity.Items.Add("Odd");
    cboxParity.Text = "None";//奇偶校验状态默认值为"None"
    //添加数据位状态
    cboxDataBits.Items.Add("8");
    cboxDataBits.Items.Add("9");
```

```
    cboxDataBits.Text = "8";//数据位默认值为 8
    //添加常用停止位状态
    cboxStopBits.Items.Add("1 位");
    cboxStopBits.Items.Add("1.5 位");
    cboxStopBits.Items.Add("2 位");
    cboxStopBits.Text = "1 位";//停止位默认值为 1 位
    gboxReceive.Enabled = false;// 接收分组控件内所有控件不可用
}
```

（2）在"打开串口"按钮的 Click 事件中添加如下代码：

```
private void btnOpen_Click(object sender, EventArgs e){
    try{
        if (btnOpen.Text == "打开串口"){//如果打开串口按钮显示"打开串口"
            spData.PortName = cboxCOM.Text;//获取串口号信息
            spData.BaudRate = int.Parse(cboxBaudRate.Text);//获取波特率信息
            spData.DataBits = int.Parse(cboxDataBits.Text);//获取数据位信息
            switch(cboxStopBits.Text){//设置停止位
                case "1 位":
                        spData.StopBits = System.IO.Ports.StopBits.One;
                        break;
                case "1.5 位":
                        spData.StopBits = System.IO.Ports.StopBits.OnePointFive;
                        break;
                case "2 位":
                        spData.StopBits = System.IO.Ports.StopBits.Two;
                        break;
                default: break;
            }
            switch(cboxParity.Text){//设置奇偶校验位
                case "None":
                        spData.Parity = System.IO.Ports.Parity.None;
                        break;
                case "Even":
                        spData.Parity = System.IO.Ports.Parity.Even;
                        break;
                case "Odd":
                        spData.Parity = System.IO.Ports.Parity.Odd;
                        break;
                default: break;
            }
            spData.Open();//打开串口
```

```
            btnOpen.Text = "关闭串口";//按钮显示"关闭串口"
            gboxReceive.Enabled = true;//接收分组控件内所有控件可用
            btnColor.BackColor = Color.Red;
        }
        else{ //如果按钮显示"关闭串口"
          spData.Close();//关闭串口
          btnOpen.Text = "打开串口";//按钮显示"打开串口"
          gboxReceive.Enabled = false; // 接收分组控件内所有控件不可用
          btnColor.BackColor = Color.Black;
        }
    }
    catch{    //捕获异常,提示异常信息
        MessageBox.Show("串口被占用或是不存在,请检查", "错误", MessageBoxButtons.
OK, MessageBoxIcon.Error);
    }
}
```

（3）在串口控件 spData 的 DataReceived 事件中添加如下代码：

```
try{//数据格式为 x.xxVxxxxmA
    string temp = this.spData.ReadExisting();//将串口读取数据
    txtReceive.Text = temp + "\ r \ n"+ this.txtReceive.Text;//接收区显示数据
    int indexV = temp.IndexOf("V");//找到字符串"V"的索引号
    int indexA = temp.IndexOf("mA");//找到字符串"mA"的索引号
    double _V = double.Parse(temp.Substring(0, indexV));//提取电压值
    int _A = int.Parse(temp.Substring(indexV + 1, indexA - indexV - 1));
    this.txtVol.Text = _V.ToString();//电压文本框显示电压值
    this.txtCur.Text = _A.ToString();//电流文本框显示电流值
}
catch (Exception ex){//捕获异常,提示异常信息
    MessageBox.Show(ex.Message);
}
```

（4）运行测试

配置实验平台,选择项目 7 - 3,并运行本软件,运行结果如图 7 - 12 所示。

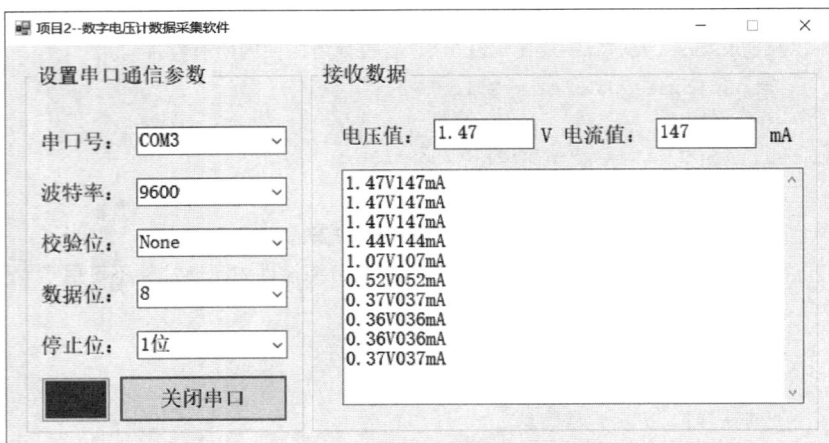

图 7 - 12   数字电压计数据采集控制软件运行结果

7.2.5   带指令的数字电压计数据采集程序设计(项目 4)

Step1：了解串口通信协议

数字电压计数据采集(带指令)程序设计，且当上位机控制软件发送数字 1(即'1')时，实验平台开始上传格式为 x.xxVxxxxmA 的字符串数据上来，V 前面的数据表示电压，mA 前面的数据表示电流；当发送其他字符时，则停止上传数据。

Step2：设计应用程序界面

新建一个 Windows 窗体式应用程序，将此项目命名成"VoltageCurrent"，将"Form1.cs"文件修改为"frmMain.cs"，添加各控件到窗体中，界面如图 7 - 13 所示。

图 7 - 13   带命令的数字电压计数据采集控制软件界面

Step3：设置控件属性

界面中各控件属性设置如表 7 - 3 所示。

表 7 - 3　各控件属性及属性值

控件名称	Name 属性	Text 属性	说明
Form	frmVoltmeter	数字电压计数据采集控制软件	
Groupbox	gboxSet	设置串口通信参数	
Groupbox	gboxReceive	接收数据	
Groupbox	gboxSend	发送数据	Enable 属性 false
ComboBox	cboxCOM		
ComboBox	cboxBaudRate		
ComboBox	cboxParity		
ComboBox	cboxDataBits		
Lable	labCOM	串口号：	
Lable	labBaudRate	波特率：	
Lable	labParity	校验位：	
Lable	labDataBits	数据位：	
Lable	labStopBits	停止位：	
ComboBox	cboxStopBits		
Button	btnCOM	打开串口	
Button	btnSend	发送	
Button	btnColor		将 BackColor 属性设置为 Color.Black
TextBox	txtReceive		Multiline：True；ScroolBars：Vertical
TextBox	txtVol		
TextBox	txtCur		
TextBox	txtSend		
Lable	labVol	电压值：	
Lable	labV	V	
Lable	labCur	电流值：	
Lable	labmA	mA	
SerialPort	spData		

Step4：项目功能实现

（1）在窗体的加载事件中添加如下代码：

```
private void frmVoltmeter _Load(object sender, EventArgs e){
    bool temp = false;//定义一个 bool 型的变量 temp,并赋初值 false
    for (int i = 1; i <= 20; i ++){//添加 20 个串口号
        cboxCOM.Items.Add("COM"+ i);
```

```
    }

    for (int i = 1; i <= 20; i ++) {
        try {
            spData.PortName = "COM" + i;
            spData.Open();
            cboxCOM.Text = "COM" + i;
            spData.Close();
            temp = true;
            break;
        }
        catch { }
    }
    if (! temp) {
        cboxCOM.Text = "COM1";
    }
    cboxBaudRate.Items.Add("4800"); //添加波特率
    cboxBaudRate.Items.Add("9600");
    cboxBaudRate.Items.Add("19200");
    cboxBaudRate.Items.Add("115200");
    cboxBaudRate.Text = "9600"; //波特率默认值为 9600
    cboxParity.Items.Add("None"); //添加奇偶校验
    cboxParity.Items.Add("Even");
    cboxParity.Items.Add("Odd");
    cboxParity.Text = "None"; //奇偶校验状态默认值为"None"
    cboxDataBits.Items.Add("8"); //添加数据位
    cboxDataBits.Items.Add("9");
    cboxDataBits.Text = "8"; //数据位默认值为 8
    cboxStopBits.Items.Add("1 位"); //添加常用停止位
    cboxStopBits.Items.Add("1.5 位");
    cboxStopBits.Items.Add("2 位");
    cboxStopBits.Text = "1 位"; //停止位默认值为 1 位
    gboxReceive.Enabled = false; // 接收分组控件内所有控件不可用
    gboxSend.Enabled = false; //发送框中的所有控件不可用,避免误操作
}
```

（2）在"打开串口"按钮的 Click 事件中添加如下代码：

```
private void btnCOM_Click(object sender, EventArgs e) {
    try {
        if (btnCOM.Text == "打开串口") { //如果打开串口按钮显示"打开串口"
            spData.PortName = cboxCOM.Text; //获取串口号信息
```

```
            spData.BaudRate = int.Parse(cboxBaudRate.Text);//设置波特率
            spData.DataBits = int.Parse(cboxDataBits.Text);//设置数据位
            spData.Open();//打开串口
            gboxReceive.Enabled = true;
            gboxSend.Enabled = true;
            btnCOM.Text = "关闭串口";//按钮显示"关闭串口"
            btnColor.BackColor = Color.Red;
        }
        else {//如果按钮显示"关闭串口"
            spData.Close();//关闭串口
            gboxReceive.Enabled = false;// 接收分组控件内所有控件不可用
            gboxSend.Enabled = false; //发送框不可用,避免误操作
            btnCOM.Text = "打开串口";//按钮显示"打开串口"
            btnColor.BackColor = Color.Black;
        }
    }
    catch {//捕获异常,提示异常信息
        MessageBox.Show("串口被占用或是不存在,请检查", "错误", MessageBoxButtons.
OK, MessageBoxIcon.Error);
    }
}
```

（3）在"发送"按钮的 Click 事件中添加如下代码：

```
private void btnSend_Click(object sender, EventArgs e){
    try{
        if (txtSend.Text == ""){//如果发送文本框为空
            MessageBox.Show("发送的文本不能为空");//提示信息
            txtSend.Focus();
        }
        else{   //如果发送文本框不为空
            spData.Write(txtSend.Text);//将发送文本框中的内容写入串口
            txtSend.Text = "";//清空发送文本框
            txtSend.Focus();//光标锁定在发送文本框
        }
    }
    catch (Exception ex){//异常捕获,提示异常信息
        MessageBox.Show(ex.Message);
    }
}
```

（4）在串口控件 spData 的 DataReceived 事件中添加如下代码：

```
private void spData_DataReceived(object sender, System. IO. Ports.
```

```
SerialDataReceivedEventArgs e){
    try{
        string temp = this.spData.ReadExisting();//将串口读取数据
        txtReceive.Text = temp + "\ r \ n"+ this.txtReceive.Text;//接收区显示数据
        int indexV = temp.IndexOf("V");//找到字符串"V"的索引号
        int indexA = temp.IndexOf("mA");//找到字符串"mA"的索引号
        double _V = double.Parse(temp.Substring(0, indexV));//提取电压值
        double _A = double.Parse(temp.Substring(indexV + 1, indexA - indexV - 1));
        this.txtVol.Text = _V.ToString();//电压文本框显示电压值
        this.txtCur.Text = _A.ToString();//电流文本框显示电流值
    }
    catch (Exception ex){//捕获异常,提示异常信息
        MessageBox.Show(ex.Message);
    }
}
```

（5）将固件下载到实验平台中,并运行本软件,运行结果如图 7 - 14 所示。

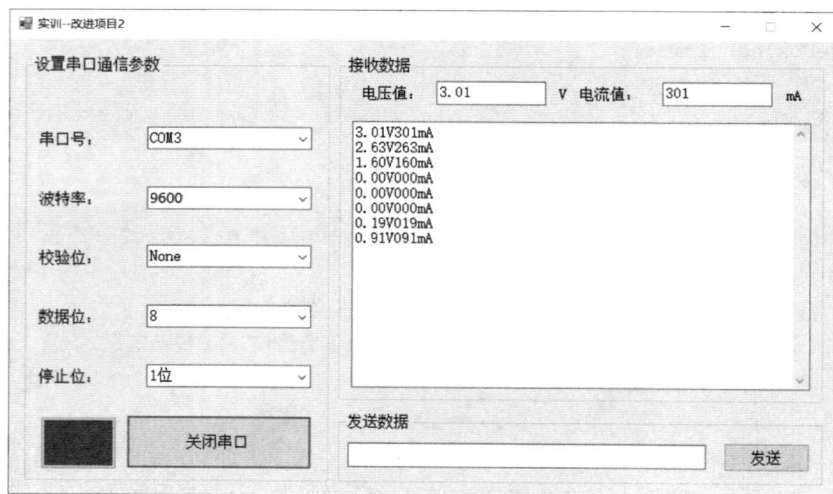

图 7 - 14　改进版数字电压计数据采集控制软件运行结果

Step5:程序优化

已知上传的数据格式,还要可以用什么方法解析数据? 请编程并测试。

7.2.6　基于 MODBUS-RUT 协议的数据采集程序设计(项目 5)

基于 MODBUS-RUT 协议的数据采集程序设计。

Step1:制定协议

（1）串口通信协议

在本项目中,串口通信协议为:9600、8、1、0。

（2）数据通信协议

在本项目中，数据通信采用 Modbus 协议。Modbus 是一种非常重要的通信协议，在工业自动化、智能建筑、能源管理、智能交通、农业自动化等领域都有着广泛应用。通过使用Modbus 协议，可以实现不同设备之间的数据交换和控制，并且提高生产效率和质量，方便管理人员对整个过程进行监控和调节。MODBUS 有 RTU 格式和 ACSII 码格式两种格式。

本项目中采用 MODBUS-RTU 数据帧格式，MODBUS-RTU 格式如表 7 - 4 所示。

表 7 - 4　MODBUS-RTU 格式

地址	功能码	数据	校验
1 字节	1 字节	n 字节	2 字节

① 地址码：设备地址，在通信网络中唯一的标识（出厂默认地址 0x01）。
② 功能码：主机发送功能指令的标识，可以任意设定，本项目的功能码定为 0x03。
③ 数据区：要采集的数据集。
④ 校验码：CRC 校验，2 字节校验码，低位在前（左），高位在后（右）。

本项目在 MODBUS-RTU 格式基础上做了改进，主机发送问询帧格式如表 7 - 5 所示，从机回复应答帧格式如表 7 - 6 所示，各寄存器功能如表 7 - 7 所示，MODBUS-RTU 格式的通信协议如表 7 - 8 和表 7 - 9 所示。

表 7 - 5　主机发送问询帧格式

地址码	功能码	寄存器起始地址	寄存器长度	校验码
1 字节	1 字节	2 字节	2 字节	2 字节

表 7 - 6　从机回复应答帧格式

地址码	功能码	数据长度	数据 1	数据 2	数据 n	校验码
1 字节	1 字节	2 字节	2 个字节	2 字节	2 字节	2 字节

表 7 - 7　寄存器功能（电压电流寄存器列表）

寄存器地址	数据内容	操作	支持功能码
0000H	电压通道	只读	03
0001H	电流通道	只读	03

表 7 - 8　查询电压的数据帧示例

	地址码	功能码	起始寄存器地址	查询寄存器长度	CRC 低位	CRC 高位
主机发送	地址码	功能码	起始寄存器地址	查询寄存器长度	CRC 低位	CRC 高位
	0×01	0×03	0×00　0×00	0×00　0×01	0×84	0×0A
从机回复	地址码	功能码	有效数据个数	电压值	CRC 低位	CRC 高位
	0×01	0×03	0×00　0×02	0×09　0×C4	0×C9	0×E3

表 7-9　查询电流的数据帧示例

	地址码	功能码	起始寄存器地址	查询寄存器长度	CRC 低位	CRC 高位
主机发送	地址码	功能码	起始寄存器地址	查询寄存器长度	CRC 低位	CRC 高位
	0×01	0×03	0×00　0×01	0×00　0×01	0×CA	0×D5
从机回复	地址码	功能码	有效数据个数	电流值	CRC 低位	CRC 高位
	0×01	0×03	0×00　0×02	0×00　0×D0	0×96	0×E5

Step2:软件界面设计

本软件要求:

(1) 发送数据:能发送文本格式的数据,也能发送 HEX 格式的数据。

(2) 接收数据:能以文本格式显示数据,也能以 HEX 格式显示数据。

(3) 能自动添加 CRC 校验码,且可以设定低 8 位在前在后两种方式。

软件界面如图 7-15 所示。

Step3:设置控件属性

界面中各控件属性设置如表 7-10 所示。

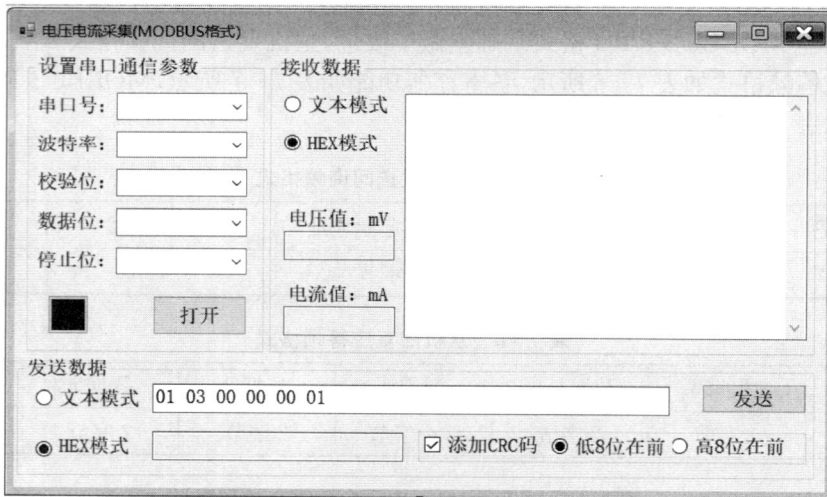

图 7-15　基于 MODBUS-RUT 数据帧格式的数据采集

表 7-10　各控件属性及属性值

控件名称	Name 属性	Text 属性	说明
Form	frmVoltmeter	数字电压计数据采集控制软件	
GroupBox	gboxSet	设置串口通信参数	
Lable	labCOM	串口号:	
ComboBox	cboxCOM		
Lable	labBaudRate	波特率:	
ComboBox	cboxBaudRate		

续　表

控件名称	Name 属性	Text 属性	说明
ComboBox	cboxParity		
ComboBox	cboxDataBits		
ComboBox	cboxStopBits		
Lable	labParity	校验位：	
Lable	labDataBits	数据位：	
Lable	labStopBits	停止位：	
Button	btnColor		将 BackColor 属性设置为 Color.Black
Button	btnCOM	打开	
GroupBox	gboxReceive	接收数据	
RadioButton	rbtnTextMode	文本模式	
RadioButton	rbtnHexMode	HEX 模式	
Lable	labVol	电压值：mV	
TextBox	txtVoltage		ReadOnly 属性 true
Lable	labCur	电流值：mA	
TextBox	txtCurrent		ReadOnly 属性 true
TextBox	txtInfor		Multiline；True；ScroolBars：Vertical
GroupBox	gboxSend	发送数据	Enable 属性 false
RadioButton	rbtnText	文本模式	
TextBox	txtSend		
RadioButton	rbtnHex	HEX 模式	
textBox	txtCRC		
Button	btnSend	发送	
GroupBox	gboxCRC		
CheckBox	chBoxCRC	添加 CRC 码	
RadioButton	rbtnLow	低 8 位在前	
RadioButton	rbtnHeigh	高 8 位在前	
SerialPort	spData		

Step4：项目功能实现

定义一个成员变量：private byte _isVoltageCurrent = 0;

（1）在窗体的加载事件中添加如下代码：

```
bool temp = false;//定义一个 bool 型的变量 temp,并赋初值 false
for (int i = 1; i <= 20; i ++){//添加 20 个串口号
```

```
        cboxCOM.Items.Add("COM"+ i);
    }
for (int i = 1; i <= 20; i++) {
    try{
            spData.PortName = "COM"+ i;
            spData.Open();
            cboxCOM.Text = "COM"+ i;
            spData.Close();
            temp = true;
            break;
        }
    catch { }
}
if (! temp) {
    cboxCOM.Text = "COM1";
}
cboxBaudRate.Items.Add("4800");//添加波特率
cboxBaudRate.Items.Add("9600");
cboxBaudRate.Items.Add("19200");
cboxBaudRate.Items.Add("115200");
cboxBaudRate.Text = "9600";//波特率默认值为 115200
cboxParity.Items.Add("None");//添加奇偶校验状态
cboxParity.Items.Add("Even");
cboxParity.Items.Add("Odd");
cboxParity.Text = "None";//奇偶校验状态默认值为"None"
//添加数据位状态
cboxDataBits.Items.Add("8");
cboxDataBits.Items.Add("9");
cboxDataBits.Text = "8";//数据位默认值为 8
//添加常用停止位状态
cboxStopBits.Items.Add("1 位");
cboxStopBits.Items.Add("1.5 位");
cboxStopBits.Items.Add("2 位");
cboxStopBits.Text = "1 位";//停止位默认值为 1 位
gboxSend.Enabled = false; //发送框中的所有控件不可用,避免误操作。
```

（2）添加“打开”串口事件代码,具体代码如下。

```
try{
    if (btnCOM.Text == "打开") {//如果打开串口按钮显示"打开串口"
            spData.PortName = cboxCOM.Text;//获取串口号信息
            spData.BaudRate = int.Parse(cboxBaudRate.Text);//设置波特率
```

```
            spData.DataBits = int.Parse(cboxDataBits.Text);//设置数据位
            spData.Open();//打开串口
            gboxReceive.Enabled = true;
            gboxSend.Enabled = true;
            btnCOM.Text = "关闭";//按钮显示"关闭串口"
            btnColor.BackColor = Color.Red;
        }
        else {//如果按钮显示"关闭"
            spData.Close();//关闭串口
            gboxReceive.Enabled = false;// 接收分组控件内所有控件不可用
            gboxSend.Enabled = false; //发送框不可用,避免误操作
            btnCOM.Text = "打开";//按钮显示"打开串口"
            btnColor.BackColor = Color.Black;
        }
    }
    catch {    //捕获异常,提示异常信息
        MessageBox.Show("串口被占用或是不存在,请检查", "错误",
                        MessageBoxButtons.OK, MessageBoxIcon.Error);
    }
```

（3）添加一个用于检测是否为 HEX 数据的方法,具体代码如下。

```
public static bool IsHexFormat(string input){
    bool isHex = true;
    const string PATTERN = @"[A - Fa - f0 - 9]+$";
    isHex = System.Text.RegularExpressions.Regex.IsMatch(input, PATTERN);
    string []strs = input.Split(' ');
    foreach(string str in strs){
        if(str.Length > 2) {
            isHex = false;
            break;
        }
    }
    return isHex;
}
```

（4）添加一个将数据转换成 HEX 数据的方法,具体代码如下。

```
public byte []ChangeDataIntoHexDatas(string str){
    str = str.Trim();
    string[] strs = str.Split(' ');
    byte []list = new byte[strs.Length + 2];
    byte index = 0;
```

```
        foreach (string data in strs){
            list[index ++]= Convert.ToByte(data, 16);
        }
        return list;
}
```

(5) 给"发送"按钮添加事件代码,具体代码如下。

```
try{
    if (btnSend.Text == "") {//如果发送文本框为空
        MessageBox.Show("发送的文本不能为空");//提示信息
        btnSend.Focus();
    }
    else { //如果发送文本框不为空
        if (rbtnText.Checked){
            spData.Encoding = Encoding.Default;
            string str = txtSendInfor.Text;
            spData.Write(str);//将发送文本框中的内容写入串口
            txtSendInfor.Text = "";//清空发送文本框
            txtSendInfor.Focus();//光标锁定在发送文本框
        }
        if (rbtnHEX.Checked){
            if (IsHexFormat(txtSendInfor.Text.Trim())){
                byte[] list = ChangeDataIntoHexDatas(txtSendInfor.Text);
                // txtInfor.Text = txtSendInfor.Text;
                if(chBoxCRC.Checked){
                    short crcData = GetCRC16Data.GetModbusCrc16
                                    (list,(byte) (list.Length - 2));
                    if ((rbtnLow.Checked)){
                        txtCRC.Text = ((byte) crcData).ToString("X") +""+
                        ((byte)
                                (crcData >> 8)).ToString("X");
                        list[list.Length - 1] = (byte) (crcData >> 8);
                        list[list.Length - 2] = (byte) (crcData);
                    }
                    else{
                        txtCRC.Text = ((byte)(crcData >> 8)).ToString("X") +
                                    ""+((byte)crcData).ToString("X");
                        list[list.Length - 1] = (byte) (crcData );
                        list[list.Length - 2] = (byte) (crcData >> 8);
                    }
                }
```

```
                    _isVoltageCurrent = 0;
                    if (list[2]== 0x00 && list[3]== 0x00){
                            _isVoltageCurrent = 1;
                    }
                    if (list[2] == 0x00 && list[3] == 0x01){
                            _isVoltageCurrent = 2;
                    }
                    spData.Write(list, 0, list.Length);
                    // txtSend.Text = "";//清空发送文本框
                    txtSendInfor.Focus();//光标锁定在发送文本框
                }
                else{
                    MessageBox.Show("请正确输入数据");
                    txtSendInfor.Focus();//光标锁定在发送文本框
                }
            }
        }
    }
catch (Exception ex){//异常捕获,提示异常信息
    MessageBox.Show("请正确输入数据");
    txtSendInfor.Focus();
}
```

（6）添加串口通信代码

```
string strUart = "";
string temp = txtInfor.Text;
short sCrcData = 0;

if (rbtnHexMode.Checked){
    Byte[] receivedData = new Byte[spData.BytesToRead];    //创建接收字节数组
    spData.Read(receivedData, 0, receivedData.Length);     //读取数据
    if (receivedData.Length == 0) {
            return;
    }
    for (int j = 0; j < receivedData.Length; j ++){
            strUart = strUart + BitConverter.ToString(receivedData, j, 1) + "";
    }
    strUart += "\ r \ n";
    strUart += temp;
    if(txtInfor.InvokeRequired){
            txtInfor.Invoke(new Action(() => { txtInfor.Text = strUart; }));
    }
```

```
        short num1 = GetCRC16Data.GetModbusCrc16(receivedData, 5);
        sCrcData = receivedData[(receivedData.Length - 1)];
        sCrcData <<= 8;
        sCrcData += receivedData[(receivedData.Length - 2)];
        if (num1 == sCrcData) {
            if(_isVoltageCurrent == 1) {
                    num1 = receivedData[3];
                    num1 <<= 8;
                    num1 += receivedData[4];
                    txtVoltage.Text = num1.ToString();
            }
            if (_isVoltageCurrent == 2) {
                    num1 = receivedData[3];
                    num1 <<= 8;
                    num1 += receivedData[4];
                    txtCurrent.Text = num1.ToString();
            }
        }
    }
    if (rbtnTextMode.Checked) {
        string tempStr = spData.ReadExisting();
        strUart = tempStr; // Encoding. GetEncoding (" GB2312"). GetString
(receivedData);
        strUart += "\ r \ n";
        strUart += temp;
        txtInfor.Text = strUart;
    }
```

Step5:项目测试

(1) 使用配置软件配置实验平台,选择项目 7-5,配置结束后,关闭串口。

(2) 运行项目程序,配置好本软件,打开串口,在发送数据区域填写好指令集后,点击"发送"按钮,就可以看到实验平台上传上来的数据,测试结果如图 7-16 所示。

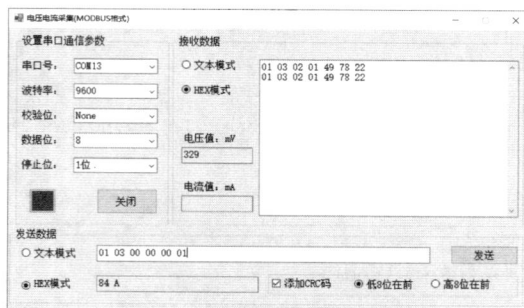

图 7-16 测试结果

7.3　小结

本章的主要内容有：

（1）介绍了用于串口通信的控件的属性、方法和事件。

（2）介绍了什么是串口通信协议和数据传输协议。

（3）介绍了工业控制中的 MODBUS-RTU 协议。

（4）介绍了使用C#编程语言实现基于串口通信的数据采集与系统控制软件设计。

7.4　习题

（1）在C#中进行串口通信，使用了哪个控件，该控件有哪些主要属性、事件、方法？

（2）如何将 ComBox 控件中的数字转换成数值？

（3）如何将最新上传的值放在多行文本框中最上面显示？

（4）如何方便地将多个控件同时禁止使用或同时允许使用？

（5）如何从指定格式的字符串中取出数值，如从"2.12V321mA"取出 2.12 和 321。

第8章 多线程及网络通信程序设计

随着物联网技术的发展,可以通过互联网技术对远程电子系统进行数据采集和控制。

网络通信程序设计主要有两种:基于 TCP 通信的程序设计和基于 UDP 的程序设计,由于网络终端在联接、数据通信过程都是未知的,软件可能处于阻塞状态,为了保证软件不响应其他事件,应该使用多线程技术。

本章的主要内容有:

(1) 多线程技术及相关类、委托。

(2) 与 TCP 通信程序设计的相关类。

(3) 基于 TCP 通信的服务器端程序设计。

(4) 基于 TCP 通信的客户端程序设计。

(5) 与 UDP 通信程序设计相关类。

(6) 基于 UDP 通信的程序设计。

8.1 多线程程序设计

8.1.1 进程与线程

进程(Process)是 Windows 系统中的一个基本概念,它包含运行程序所需要的资源。进程之间是相对独立的,一个进程无法访问另一个进程的数据(除非利用分布式计算方式),一个进程运行的失败也不会影响其他进程的运行,Windows 系统就是利用进程把工作划分为多个独立的区域的。进程可以理解为一个程序的基本边界。

线程(Thread)是进程中的基本执行单元,在进程入口执行的第一个线程被视为这个进程的主线程。在.NET应用程序中,都是以 Main()方法作为入口的,当调用此方法时系统就会自动创建一个主线程。

(1) 进程与线程:进程作为操作系统执行程序的基本单位,拥有应用程序的资源,进程包含线程,进程的资源被线程共享,线程不拥有资源。

(2) 前台线程和后台线程:通过 Thread 类新建线程默认为前台线程。当所有前台线程关闭时,所有的后台线程也会被直接终止,不会抛出异常。

(3) 挂起(Suspend)和唤醒(Resume):由于线程的执行顺序和程序的执行情况不可预知,所以使用挂起和唤醒容易发生死锁的情况,在实际应用中应该尽量少用。

(4) 阻塞线程:Join,阻塞调用线程,直到该线程终止。

(5) 终止线程。Abort:抛出 ThreadAbortException 异常让线程终止,终止后的线程不可唤醒。Interrupt:抛出 ThreadInterruptException 异常让线程终止,通过捕获异常可以继续执行。

（6）线程优先级：AboveNormal、BelowNormal、Highest、Lowest、Normal，默认为Normal。

8.1.2 多线程

在单 CPU 系统的一个单位时间内，CPU 只能运行单个线程，该线程的运行顺序取决于线程的优先级别。如果在单位时间内线程未能完成执行，系统就会把线程的状态信息保存到线程的本地存储器中，以便下次执行时恢复执行。多线程只是系统带来的一个假象，它在多个单位时间内进行多个线程的切换，由于切换频密而且单位时间非常短暂，所以多线程可被视作同时运行。

适当使用多线程能提高系统的性能，比如：在系统请求大容量的数据时使用多线程，把数据输出工作交给异步线程，而主线程去处理其他问题。但需要注意一点，因为CPU 需要花费不少的时间在线程的切换上，所以过多地使用多线程反而会导致性能的下降。

使用线程的好处：

（1）可以使用线程将代码同其他代码隔离，提高应用程序的可靠性。

（2）可以使用线程来简化编码。

（3）可以使用线程来实现并发执行。

8.1.3 Thread 类

（1）System.Threading.Thread 类

System.Threading.Thread 是用于控制线程的基础类，通过 Thread 可以控制当前应用程序域中线程的创建、挂起、停止、销毁。

（2）Thread 类的主要方法

Thread 中包括了多个方法来控制线程的创建、挂起、停止、销毁，Thread 类的主要方法有：

① 构造方法 Thread()

Thread 的构造方法重载了 4 种形式，常用的形式是 public Thread(ThreadStart start)：初始化 Thread 类的新实例，开始执行此线程时要调用的方法的 ThreadStart 委托。

② Start()

➤ public void Start()：使操作系统将当前实例的状态更改为 ThreadState.Running。

➤ public void Start(object parameter)：使操作系统将当前实例的状态更改为ThreadState.Running，并选择提供包含线程执行的方法要使用的数据的对象。

③ Abort()

➤ public void Abort()：在调用此方法的线程上引发 ThreadAbortException，终止此线程。

➤ public void Abort(object stateInfo)：引发在其上调用的线程中的 ThreadAbortException以开始处理终止线程，同时提供有关线程终止的异常信息。调用此方法通常会终止线程。

④ Sleep()

➤ public static void Sleep(int millisecondsTimeout)：millisecondsTimeout 为挂起线程的毫秒数。如果 millisecondsTimeout 参数的值为零，则该线程会将其时间片的剩余部分让给任何已经准备好运行的、具有同等优先级的线程。如果没有其他已经准备好运行的、具有同等优先级的线程，则不会挂起当前线程的执行。

➤ public static void Sleep(TimeSpan timeout)：timeout 为挂起线程的时间量。如果 timeout 参数的值为零，则该线程会将其时间片的剩余部分让给任何已经准备好运行的、具有同等优先级的线程。如果没有其他已经准备好运行的、具有同等优先级的线程，则不会挂起当前线程的执行。

（3）Thread 类的主要属性

Thread 类有许多属性，但最主要的属性如表 8-1 所示。

表 8-1　THread 类的主要属性

属性名称	含义
CurrentThread	获取当前正在运行的线程
IsAlive	获取一个值，该值指示当前线程的执行状态
Priority	获取或设置一个值，该值指示线程的调度优先级
ThreadState	获取一个值，该值包含当前线程的状态
Name	获取或设置线程的名称

8.1.4　ThreadStart 委托

原型为 public delegate void ThreadStart ()。

该委托用于没有参数的方法，在创建托管的线程时，在该线程上执行的方法将通过一个传递给 Thread 构造函数的 ThreadStart 委托来表示。在调用 System. Threading. Thread. Start 方法之前，该线程不会开始执行。执行将从 ThreadStart 委托表示的方法的第一行开始。ThreadStart 委托可用于实例方法和静态方法。

8.1.5　ParameterizedThreadStart 委托

原型为 public delegate void ParameterizedThreadStart(object obj)。

该委托用于带参数的方法，在创建托管的线程时，在该线程上执行的方法将通过一个传递给 Thread 构造函数的 ParameterizedThreadStart 委托来表示。在调用 System. Threading. Thread.Start 方法之前，该线程不会开始执行。执行将从 ParameterizedThreadStart 委托表示的方法的第一行开始。ParameterizedThreadStart 委托可用于实例方法和静态方法。

8.1.6　多线程应用

线程函数通过委托传递，可以不带参数，也可以带参数（只能有一个参数），可以用一个类或结构体封装参数。

（1）不带参数的多线程序编程

```
//在空项目中添加多线程命名空间。
using System.Threading;
class Test{
    static void Main() {
        ThreadStart threadDelegate = new ThreadStart(Work.DoWork);
        Thread newThread = new Thread(threadDelegate);
        newThread.Start();
        Work w = new Work();
        w.Data = 42;
        threadDelegate = new ThreadStart(w.DoMoreWork);
        newThread = new Thread(threadDelegate);
        newThread.Start();
    }
}
class Work {
    public int Data;
    public static void DoWork() {
        Console.WriteLine("Static thread procedure.");
    }
    public void DoMoreWork() {
        Console.WriteLine("Instance thread procedure. Data ={0}", Data);
    }
}
```

（2）带参数的多线程编程

```
//添加必要的命名空间
using System.Threading;
using System.Collections;
namespace Test{
    class Program{
        static void Main(string[] args){
            ArrayList list = new ArrayList();
            list.Add(10);
            list.Add(20);//一个只有两个数据的 ArrayList 对象
            Thread t = new Thread(new ParameterizedThreadStart(Add));
            t.IsBackground = true;
            t.Start(list);
            Console.ReadKey();
        }
        public static void Add(Object obj){
```

```
            ArrayList list = (ArrayList)obj;
            int x = (int)list[0];
            int y = (int)list[1];
            int z = x + y;
            Console.WriteLine("{0}+{1}={2}",x,y,z);
        }
    }
}
```

8.2 基于 socket 编程的 TCP 通信技术

8.2.1 TCP 简介

TCP 是 TCP/IP 体系中最重要的传输层协议,它提供全双工和可靠传输的服务。TCP 是一种面向连接的、可靠的、基于字节流的传输层通信协议。在 TCP/IP 核心协议中,TCP 位于 IP 层之上,在整体网络协议族中,它处于应用层诸多协议之下,很多常见的网络应用的协议(HTTP/FTP/SMTP/POP3 等)都是运行在 TCP 基础之上的。

由于网络上不同主机的应用层之间经常需要可靠的、像管道一样的连接方式,但由于 IP 层本身并不提供这样的流机制,故需要由 TCP 发挥传输管道功能。

TCP 最主要的特点如下:

(1) TCP 是面向连接的协议。

(2) 端到端的通信,每个 TCP 连接只能有两个端点,而且只能是一对一通信,不能一点对多点直接通信。

(3) 高可靠性,通过 TCP 连接传送的数据,能够保证数据无差错、不丢失、不重复地准确到达接收方,并且保证数据到达的顺序与其发出的顺序相同。

(4) 全双工方式传输。

(5) 数据以字节流的方式传输。

(6) 传输的数据无消息边界。

8.2.2 TCP 通信流程

TCP 程序是面向连接的,其运行机制是:服务器有一个 Socket 一直处于侦听状态,客户端 Socket 与服务器通信之前必须首先发起连接请求,服务器上负责侦听的 Socket 接受请求并另外创建一个 Socket 与客户端进行通信,自己则继续侦听新的请求。

在 TCP 工作时,底层 Socket 详细的通信流程如图 8-1 所示。

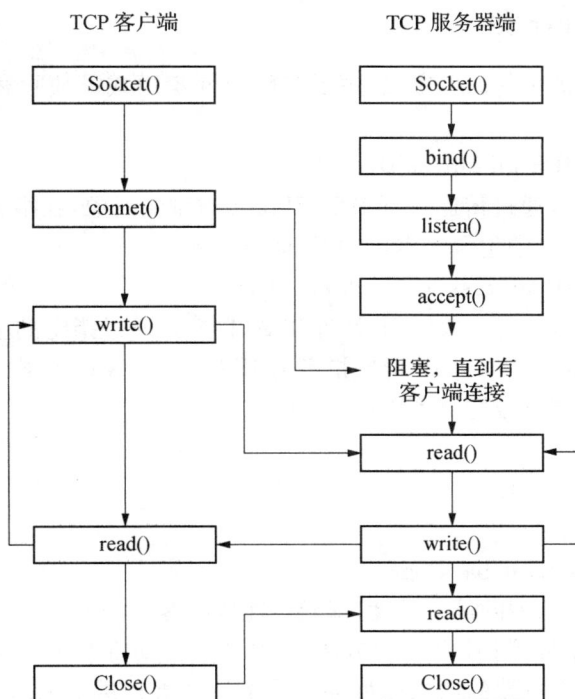

图 8-1　底层 Socket 详细地通信流程

8.3　与 TCP 编程相关的类

为了简化网络编程的复杂度,.NET对套接字进行发封装,使用 System.Net.Sockets 命名空间下的 TcpListener 类和 TcpClient 类,这两个类只支持标准协议的编程类。

8.3.1　PAddress 类

该类提供了对 IP 地址的转换、处理等功能。其 Parse 方法可将 IP 地址字符串转换为 IPAddress 实例。如:

```
IPAddress ip = IPAddress.Parse("191.167.1.1");
```

8.3.2　IPEndPoint 类

IPEndPoint 类是一个将网络终结点表示为 IP 地址和端口号的类,位于 System.Net 命名空间里。

对于该类,主要掌握构造方法,该类的构造方法是:

```
IPEndPoint(IPAddress, Int32)
```

该构造方法用于新实例初始化,IPEndPoint 类具有指定的地址和端口号。

8.3.3　TcpListener 类

TcpListener 类提供一些简单方法,用于在阻止同步模式下侦听和接受传入连接请求。该类的主要方法有:

(1) TcpListener(IPEndPoint iep)

该方法是构造方法,通过传递一下 IPEndPoint 类型的对象,在指定的 IP 地址与端口监听客户端的连接请求,iep 中包含了本机的 IP 地址与端口号。

(2) TcpListener(IPAddress localAddr, int port)

该方法是构造方法,传递本机的 IP 地址和端口号,并通过指定的本机 IP 地址和端口监听传入连接请求。也可以将本机 IP 地址指定为 IPAddress.Any,将本地端口号指定为 0,这种形式表示 IP 地址和端口号均由系统自动分配。

(3) Start()方法

该方法的原型有:

① public void Start()

② public void Start(int backlog)

其中参数表示请求队列的最大长度,即允许连接的客户端最大数。

该方法用于启动监听,调用 Start()方法后,系统会自动将 LocalEndPoint 和底层套接字绑定,并自动监听来自客户端的请求。如果接受了一个客户端的请求,则把请求插入队列,然后继续监听下一个请求,直到调用 Stop 方法为止。

(4) Stop()方法

该方法的原型是:public void Stop()

该方法用于关闭 TcpListener 并停止监听;当程序执行 Stop()方法后,会立即停止监听客户连接请求,此时等待队列中所有未接受的连接请求都会丢失,导致等待连接的客户端引发 SocketException 类型的异常,进而会使服务器的 AcceptTcpClient 方法也会产生异常。

但该方法不会关闭已经接受的连接请求。

(5) AcceptSocket()方法

在同步阻塞方式下获取并返回一个用来接收和发送数据的 Socket 对象,同时从传入的连接队列中删除该客户端的连接请求。

该套接字包含了本机地址和远程主机(实验平台)的 IP 地址和端口号,得到该对象后,就可以通过调用 Socket 对象的 Send 和 Receive 方法和远程主机进行通信。

(6) AcceptTcpClient()方法

在同步阻塞方式下获取并返回一个封装 Socket 的 TcpLient 对象,同时从传入的连接队列中删除该客户端的连接请求。得到该对象后,就可以通过该对象的 GetStream 方法生成 NetworkStream 对象,并通过 NetworkStream 对象与客户端进行通信。

8.3.4　TcpClient 类

TcpClient 类包含在 System.Net.Socket 命名空间中,该类主要用于客户端编程,而有服务器端程序是通过 TcpListener 的对象的 AcceptTcpClient 方法得到 TcpClient 对象,故在服务器程序中不需要使用 TcpClient 类的构造函数创建 TcpClient 对象。

TcpClient 类的主要方法有：

（1）TcpClient(IPEndPoint iep)

该方法是构造方法，其中参数 iep 是用于指定远程主机（客户端）IP 地址与端口号。若使用该构造方法创建对象后，还必须调用 Connect 方法与服务器建立连接。如：

```
IPAddress[] address = Dns.GetHostAddresses(Dns.GetHostName());
IPEndPoint iep = new IPEndPoint(address[0],5188);
TcpClient tcpClient = new TcpClient(iep);
tcpClient.Connect("191.167.1.4",8080);
```

（2）TcpClient(string hostname,int port)

该方法是构造方法，其中参数 hostname 是用于指定远程主机（客户端）的 IP 地址，port 用于指定端口号。

该构造方法会自动分配 最合适的本地主机 IP 地址和端口号，并对 DNS 进行解析，然后与远程主机建立连接，如：

```
TcpClient tcpClient = new TcpClient("191.167.1.4",8080);
```

一旦创建了 TcpClient 对象，就可以利用该对象的 GetStream（ ）方法到得 NetworkStream 对象，并利用该对象向远程主机发送数据流，或从远程主机接收数据流。

NetworkStream 对象是一个比较复杂的对象，一般处理方法是利用 NetworkStream 对象得到其他的使用更方便的对象与对方进行通信，如 BinaryReader 对象、BinaryWriter 对象、StreamReader 对象及 StreamWriter 对象。

（3）Connect()方法

Connect 方法有多种，最常用的方法有：

① public void Connect(string hostname,int port)：使用指定的 IP 地址和端口号将客户端连接到 TCP 主机。

② public void Connect(IPAddress remoteAddress,int remotePort)：使用指定的远程网络终结点将客户端连接到远程 TCP 主机。

③ public void Connect(IPEndPoint remoteEP)：将客户端连接到指定主机上的指定端口。

（4）BeginConnect()方法

BeginConnect()方法有多种，最常用的方法有：

① public IAsyncResult BeginConnect(IPAddress, Int32, AsyncCallback, Object)：开始一个对远程主机连接的异步请求。远程主机由 IPAddress 和端口号(Int32)指定。

② public IAsyncResult BeginConnect（string host，int port，AsyncCallback requestCallback，object state）：开始一个对远程主机连接的异步请求。远程主机由主机名(String)和端口号(Int32)指定。

（5）Close()方法

public void Close()，释放此 TcpClient 实例，并请求关闭基础 TCP 连接。

8.3.5　NetworkStream 类

NetworkStream 类是位于 System.Net.Sockets 命名空间里的一个类，NetworkStream 类提供在阻止模式下通过 Stream 套接字发送和接收数据的方法。

（1）NetworkStream 类的主要方法有：

① NetworkStream(Socket)：该方法为构造方法，用于创建的新实例 NetworkStream 为指定的类 Socket。

② NetworkStream(Socket，Boolean)：该方法为构造方法，新实例初始化 NetworkStream 为指定的类 Socket 并具有指定 Socket 所有权。

若要创建 NetworkStream，必须提供连接 Socket。默认情况下，关闭 NetworkStream 不会关闭提供 Socket。如果希望 NetworkStream 必须具有权限才能关闭所提供 Socket，程序员须指定 true 的值的 ownsSocket 参数。

一般而言，NetworkStream 的实例可直接由 TcpClient 的实例（对象）的 GetStream()得到。

③ int Read(byte[] buffer，int offset，int size)

该方法将数据读入 buffer 参数并返回成功读取的字节数。如果没有可以读取的数据，则 Read 方法返回 0。Read 操作将读取尽可能多的可用数据，直至达到由 size 参数指定的字节数为止。

如果远程主机关闭了连接并且已接收到所有可用数据，Read 方法将立即完成并返回零字节。

④ void Write(byte[] buffer， int offset，int size)

Write 方法在指定的 offset 处启动，并将 buffer 内容中的 size 字节发送到网络。Write 方法将一直处于阻止状态（可以用异步解决），直到发送了请求的字节数或引发 SocketException 为止。如果收到 SocketException，可以使用 SocketException.ErrorCode 属性获取特定的错误代码。

（2）NetworkStream 的主要属性：

① DataAvailable：指示在要读取的 NetworkStream 上是否有可用的数据。一般来说通过判断这个属性来判断 NetworkStream 中是否有数据。

② CanWrite：获取一个值，该值指示是否 NetworkStream 支持写入。

③ CanRead：取一个值，该值指示是否 NetworkStream 支持读取。

8.3.6　基于 TCP 的服务器端程序设计

（1）软件界面设计

基于 TCP 的服务器端软件界面如图 8-2 所示。

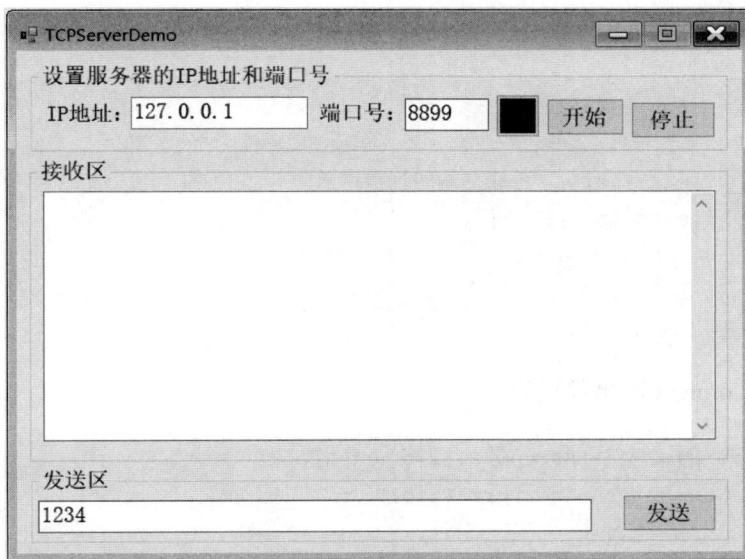

图 8-2　基于 TCP 的服务器端软件界面

（2）窗体属性设置

窗体的主要属性如表 8-1 所示。

表 8-1　窗体的主要属性及属性值

属性名称	属性值
Name	frmTcpServerDemo
Text	TCPServerDemo

（3）其他控件的主要属性（所有控件的 Font 属性设置为宋体小四号）

其他控件的主要属性如表 8-2 所示。

表 8-2　其他控件的主要属性及属性值

控件名称	Name	Text	Enable	用途
TextBox	txtServerIP	127.0.0.1	True	输入本地 IP 地址
TextBox	txtServerPort	8899	True	输入本地端口号
TextBox	txtReceiveData		True	接收网络数据
TextBox	txtSendData	1234	True	输入发送数据
Button	btnConnect	开始	True	
Button	btnStop	停止	False	
Button	btnSend	发送	False	
Button	btnColor			标识服务器的端口是否打开

另将 txtReceiveData 的 MultiLine 设置为 True，将 ScrollBars 设置为 Vertical。

（4）代码实现

Step1：定义成员变量

```
TcpListener _server = null;
Thread _thread = null;
TcpClient _client = null; //停在这等待连接请求
IPEndPoint _ipendpoint = null;
NetworkStream _stream = null;
int _port = 0;
bool _begin = false;
```

Step2：btnConnect 的事件代码

```
string serverName = txtServerIP.Text.Trim();
string portName = txtServerPort.Text.Trim();
btnSend.Enabled = true;
btnStop.Enabled = true;
btnColor.BackColor = Color.Red;
_port = int.Parse(portName);
_server = new TcpListener(IPAddress.Parse(serverName), _port);
_server.Start();
_begin = true;
_thread = new Thread(new ThreadStart(Start));
_thread.Start();
private void Start(){
    try{
        txtReceiveData.Text = "开始监听.....\ r \ n";
        while (_begin){
            if (_client == null){
                _client = _server.AcceptTcpClient();
            }
            _ipendpoint = _client.Client.RemoteEndPoint as IPEndPoint;
            _stream = _client.GetStream();
            string data = string.Empty;
            byte[] bytes = new byte[1024];
            int length = _stream.Read(bytes, 0, bytes.Length);
            if (length > 0){
                data = Encoding.Default.GetString(bytes, 0, length);
                txtReceiveData.Text += _ipendpoint.ToString() + "发来的数据:"
+ data + "\ r \ n";
            }
        }
```

```
    }
    catch (Exception ex){
        _thread.Abort();
        MessageBox.Show(ex.Message);
    }
}
```

Step3：btnStop 的事件代码

```
btnStop.Enabled = false;
btnSend.Enabled = false;
btnColor.BackColor = Color.Black;
CloseServer();
private void CloseServer(){
    _begin = false;
    if (_stream != null){ _stream.Close();}
    if (_thread != null){ _thread.Abort();}
    if (_client != null){
        _client.Close();
    }
    if (_server != null){
        _server.Stop();
    }
}
```

Step4：btnSend 的事件代码

```
string str = txtSendData.Text.Trim();
if (str.Length > 0){
    Byte[] messages = Encoding.UTF7.GetBytes(str);
    _stream.Write(messages, 0, messages.Length);
}
```

（5）测试

Step1：运行本程序并填写本地 IP 地址和端口号，点击"开始"按钮开始监听网络，测试结果如图 8－3 所示。

Step2：运行 NetAssist 调试助手，进行如图 8－4 所示的配置，点击"连接"按钮连接到服务器端。

Step3：分别在两个软件的发送文本框中输入内容并进行发送，运行结果如图 8－5 所示。

图 8-3　测试结果

图 8-4　配置 NetAssist 调试助手

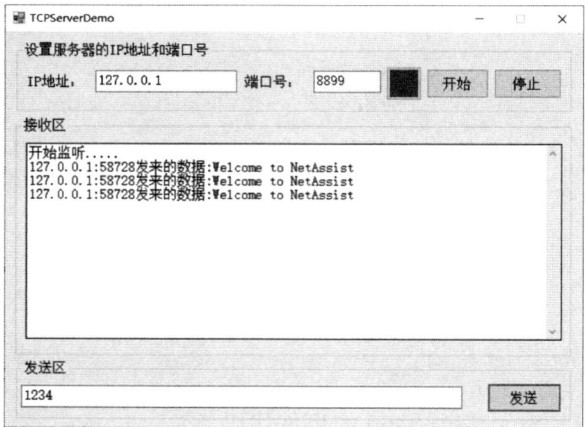

图 8-5　测试结果

8.3.7　基于 TCP 的客户端程序设计

（1）软件界面设计

基于 TCP 的服务器端软件界面如图 8-6 所示。

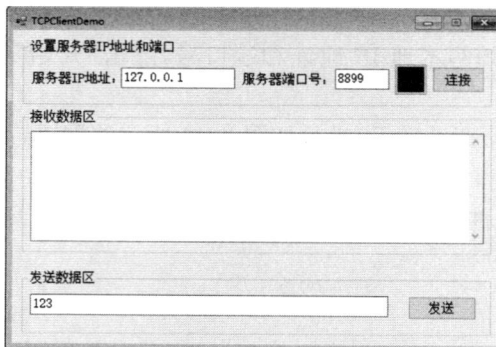

图 8-6　基于 TCP 的客户端软件界面

（2）窗体属性设置

窗体的主要属性如表 8-3 所示。

表 8-3　窗体的主要属性及属性值

属性名称	属性值
Name	frmTcpClientDemo
Text	TCPClientDemo

（3）其他控件的主要属性（所有控件的 Font 属性设置为宋体小四号）

其他控件的主要属性如表 8-4 所示。

表 8-4　其他控件的主要属性及属性值

控件名称	Name	Text	Enable	用途
TextBox	txtServerIP	127.0.0.1	True	输入服务器 IP 地址
TextBox	txtServerPort	8899	True	输入服务器端口号
TextBox	txtReceiveData		True	接收网络数据
TextBox	txtSendData	123	True	输入发送数据
Button	btnConnect	连接	True	
Button	btnSend	发送	False	
Button	btnColor			将 BackColor 设置为 Black

另将 txtReceiveData 的 MultiLine 设置为 True，将 ScrollBars 设置为 Vertical。

（4）代码实现

Step1：定义成员变量

```
TcpClient _tcpClient = null;
NetworkStream _ntwStream = null;
Thread _thrListener = null;
```

Step2：btnConnect 的事件代码

```
if (btnConnect.Text == "连接"){
    string portNumber = txtServerPort.Text.Trim();
    try{
        _tcpClient = new TcpClient(txtServerIP.Text, int.Parse(portNumber));
        _ntwStream = _tcpClient.GetStream();
        _thrListener = new Thread(new ThreadStart(ReadDataFromNetWork));
        _thrListener.Start();
        btnColor.BackColor = Color.Red;
        btnConnect.Text = "关闭";
        btnSend.Erabled = true;
```

```
        }
        catch (Exception ex){
            _ntwStream.Close();
            _tcpClient.Close();
            _thrListener.Abort();
            btnColor.BackColor = Color.Black;
            MessageBox.Show(ex.Message);
            return;
        }
    }
    else{
        _ntwStream.Close();
        _tcpClient.Close();
        _thrListener.Abort();
        btnColor.BackColor = Color.Black;
        btnConnect.Text = "连接";
    }

private void ReadDataFromNetWork(){
    while (true){
        byte[] bytes = new Byte[1024];
        string data = string.Empty;
        int length = _ntwStream.Read(bytes, 0, bytes.Length);

        if (length > 0){
            data = Encoding.Default.GetString(bytes, 0, length);
            txtReceiveData.Text += data +"\ r \ n";
        }
    }
}
```

Step3：btnSend 的事件代码

```
string str = txtSendData.Text.Trim();
if (str .Length > 0){
    BinaryWriter writer = new BinaryWriter(_ntwStream);
    Byte[] bytSend = Encoding.UTF7.GetBytes(str);
    writer.Write(bytSend, 0, bytSend.Length);
}
```

（5）测试

Step1：运行服务器端程序并填写本地 IP 地址和端口号，点击"开始"按钮开始监听网络，如图 8-7 所示。

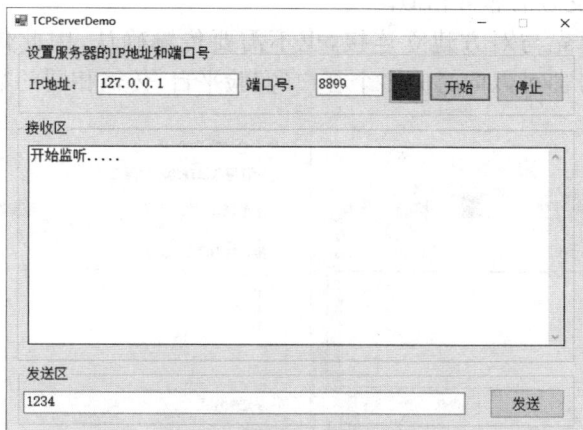

图 8-7 运行服务器端软件

Step2：运行 TCPClientDemo 软件，进行如图 8-8 所示的配置，点击"连接"按钮连接到服务器端。

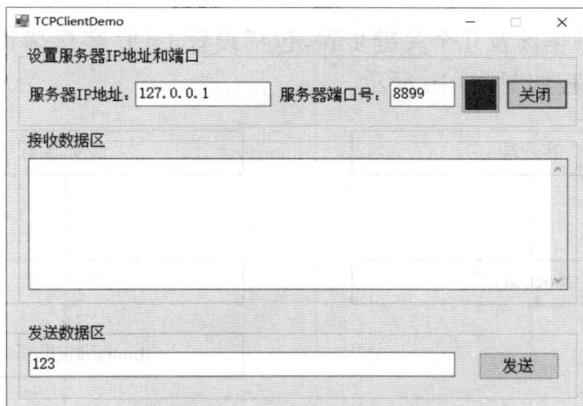

图 8-8 配置 TCPClientDemo 软件

Step3：分别在两个软件的发送文本框中输入内容并进行发送，运行结果如图 8-9 所示所示。

8.4 基于 socket 的 UDP 通信技术

8.4.1 UDP 通信简介

UDP 是与 TCP 地位相当的另一种传输协议，是目前流行的很多主流网络应用底层的传输基础，其中 QQ 聊天软件就是基于 UDP 传输协议的。

UDP 是一种简单的、面向数据报的无连接协议，提供的是不一定可靠的传输服务。所谓"无连接"是指在正式通信前不必与对方先建立连接，不管对方的状态如何，都直接发送过去,这与发邮件、手机发短信非常相似。

由于 UDP 不需要先与对方建立连接,也不需要传输确认,因此传输数据的速度要比 TCP 快得多,一台服务器可以同时向多个客户(实验平台)传输相同的数据。

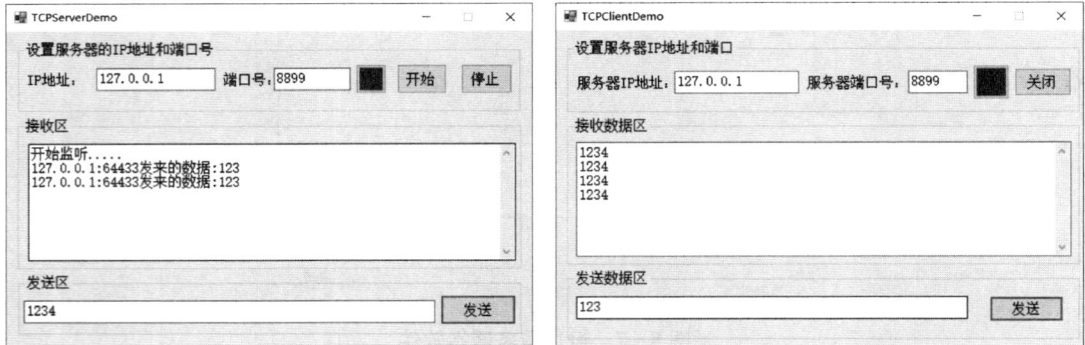

图 8-9   测试结果

8.4.2   UDP 通信流程

C#中实现 UDP 通信涉及几个关键步骤,包括设置 UDP 客户端和服务器、发送和接收数据。UDP 通信的流程如图 8-10 所示。

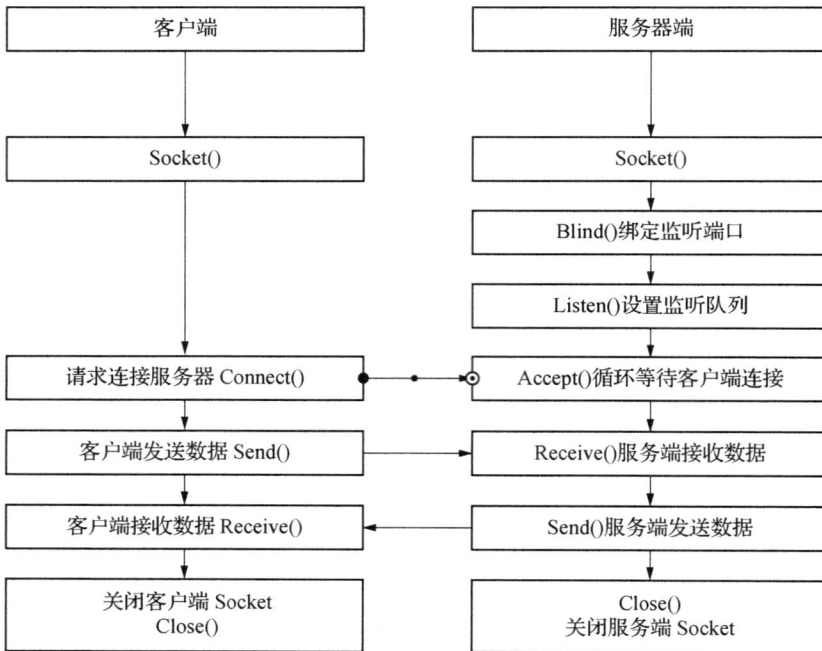

图 8-10   UDP 通信流程

8.5　UdpClient 类及应用

8.5.1　UdpClient 类

UdpClient 类提供用户数据报协议（UDP）网络服务，位于 System.Net.Sockets 命名空间中。

UdpClient 类的主要方法有：

（1）public UdpClient(IPEndPoint localEP)：初始化 UdpClient 类的新实例，并将其绑定到指定的本地终结点。调用此构造函数之前，必须创建 IPEndPoint 使用想要发送和接收数据的远程主机 IP 地址和端口号。不需要指定用于发送和接收数据的本地主机 IP 地址和端口号。如：

```
IPAddress ipAddress = IPAddress.Parse("191.167.0.1");
IPEndPoint ipLocalEndPoint = new IPEndPoint(ipAddress, 11000);
UdpClient udpClient = new UdpClient(ipLocalEndPoint);
```

（2）public UdpClient(string hostname, int port)：新实例初始化 UdpClient 类，并建立默认远程主机。如：

```
UdpClient udpClient = new UdpClient("www.qq.com",11000);
```

（3）public void Connect(IPAddress addr, int port)：建立默认远程主机使用指定的 IP 地址和端口号。

（4）public void Connect(IPEndPoint endPoint)：建立默认远程主机使用指定的网络终结点。

（5）public void Connect(string hostname, int port)：建立默认远程主机使用指定主机名和端口号。

（6）public int Send(byte[] dgram, int bytes)：将 UDP 数据报发送到远程主机。

（7）public int Send(byte[] dgram, int bytes, IPEndPoint endPoint)：将 UDP 数据报发送到位于指定远程终结点的主机。

（8）public int Send(byte[] dgram, int bytes, string hostname, int port)：将 UDP 数据报发送到指定远程主机上的指定端口。

（9）public byte[] Receive(ref IPEndPoint remoteEP)：返回由一台远程主机发送的 UDP 数据报。

（10）public void Close()：关闭 UDP 连接。

8.5.2　基于 UdpClient 类的程序设计

（1）软件界面设计

基于 UdpClient 类的软件界面如图 8-11 所示。

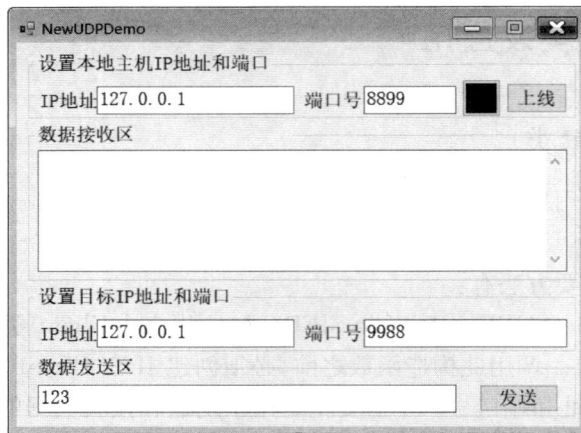

图 8‑11 基于 UdpClient 类的软件界面

（2）窗体属性设置

窗体的主要属性如表 8‑5 所示。

表 8‑5 窗体的主要属性及属性值

属性名称	属性值
Name	frmNewUDPDemo
Text	NewUDPDemo

（3）其他控件的主要属性（所有控件的 Font 属性设置为宋体小四号）

其他控件的主要属性如表 8‑6 所示，将 txtReceiveData 和 txtSendData 的 MultiLine 设置为 True，将 ScrollBars 设置为 Vertical。

表 8‑6 其他控件的主要属性及属性值

控件名称	Name	Text	Enable	用途
TextBox	txtLocalIP	127.0.0.1	True	输入本地 IP 地址
TextBox	txtLocalPort	8899	True	输入本地端口号
TextBox	txtRemoteIP	127.0.0.1	True	输入远程 IP 地址
TextBox	txtRemotePort	9988	True	输入远程端口号
TextBox	txtReceiveData		True	接收网络数据
TextBox	txtSendData	123	True	输入发送数据
Button	btnConnect	上线	True	
Button	btnSend	发送	False	
Button	btnColor		True	将 BackColor 设置为 Black

（4）代码实现

Step1:定义成员变量

```
private UdpClient _receiveUdpClient = null;
private UdpClient _sendUdpClient = null;
private bool _isOpen = false;
private Thread _threadReceive = null;
```

Step2：btnConnect 的事件代码

```
try{
    if (btnConnect.Text == "上线") {
        string localIPName = txtLocalIP .Text;
        string localPort = txtLocalPort.Text;
        btnConnect.Text = "下线";
        IPAddress localIP = IPAddress.Parse(localIPName);
        IPEndPoint localIPEndPoint = new IPEndPoint(localIP, int.Parse(localPort));
        _receiveUdpClient = new UdpClient(localIPEndPoint);
        _sendUdpClient = _receiveUdpClient;
        _isOpen = true; //打开网络端口
        btnColor.BackColor = Color.Red;
        _threadReceive = new Thread(ReceiveMessage);
        _threadReceive.Start(); //打开线程
        btnSend.Enabld = true;
    }
    else{
        btnConnect.Text = "上线";
        if (_isOpen){
            _threadReceive.Abort();
            btnColor.BackColor = Color.Black;
            _receiveUdpClient.Close();
            _isOpen = false;
        }
    }
}
catch (Exception ex){
    MessageBox.Show(ex.Message);
}
private void ReceiveMessage(){
    IPEndPoint remoteIPEndPoint = new IPEndPoint(IPAddress.Any, 0);
    while (true){
        try{
            byte[] receiveBytes = _receiveUdpClient.Receive(ref remoteIPEndPoint);
            string message = Encoding.UTF7.GetString(receiveBytes, 0, receiveBytes.
                    Length);
            this.txtReceiveData.Text += message + System.Environment.NewLine;
```

```
        }
        catch {break; }//出现异常直接退出循环
    }
}
```

Step3:btnSend 的事件代码

```
string str = txtSendData.Text.Trim();
if (str.Length > 0){
        byte[] sendBytes = Encoding.ASCII.GetBytes(str);
        IPAddress remoteIP = IPAddress.Parse(txtRemoteIP.Text);
        IPEndPoint remoteIPEndPoint = new IPEndPoint(remoteIP, int.Parse(txtRemotePort.
Text.Trim()));
        _sendUdpClient.Send(sendBytes, sendBytes.Length, remoteIPEndPoint);
}
```

（5）测试

Step1:两次运行本程序并填写本地 IP 地址和端口号,在两个界面中,本地端口不能相同,点击"上线"按钮开始运行,如图 8-12 所示。

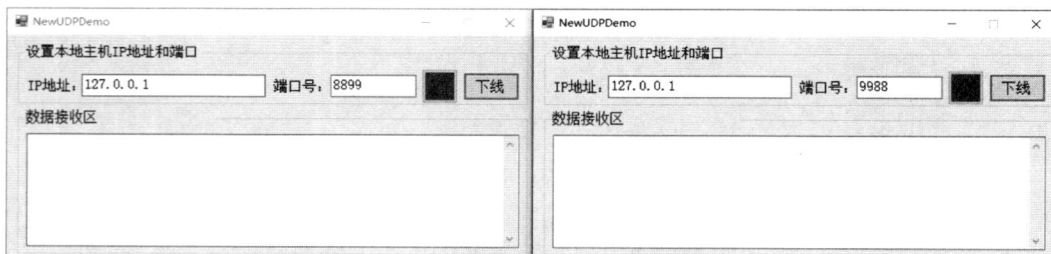

图 8-12　运行本软件

Step2:在左右两个软件分别填写目标主机 IP 和端口号,分别在发送区输入"123"和"abc",再分别点击三次"发送"按钮,运行效果如图 8-13 所示。

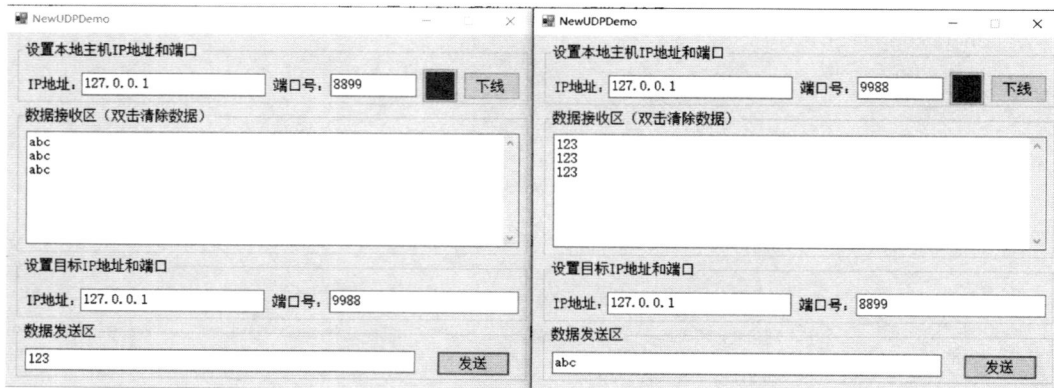

图 8-13　发送数据

8.6 基于 TCP 的 LED 灯控制程序设计(项目 1)

8.6.1 数据通信协议

LED 灯控制服务器端软件发送数据到实验平台,分别控制每个 LED 灯的亮灭。

将 LED 按下列顺序排列,对应位置 1,点亮对应的 LED 灯;对应位置 0,熄灭对应的 LED 灯。

LED 灯控制码的编码方式如表 8-7 所示。

表 8-7 LED 灯控制码的编码方式

LED8	LED7	LED6	LED5	LED4	LED3	LED2	LED1
1	0	0	0	0	1	1	0

此表示 LED8 、LED3、LED2 三个 LED 灯亮,其他的都是灭的。将这些数据换成 16 进制数就是 0x86。

8.6.2 界面设计

(1)界面设计

将 ovalshapeLib.dll 文件拷贝到工程所在目录中,并在工程中引用本类,添加过程如图 8-14、8-15、8-16 所示。

图 8-14 添加引用过程 1

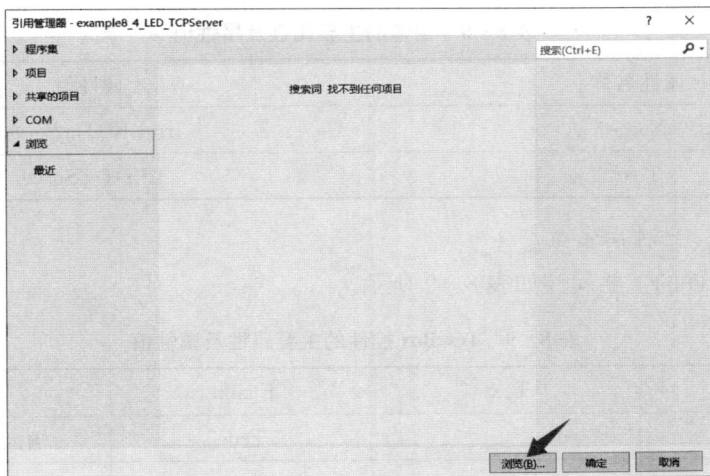

图 8-15 添加引用过程 2

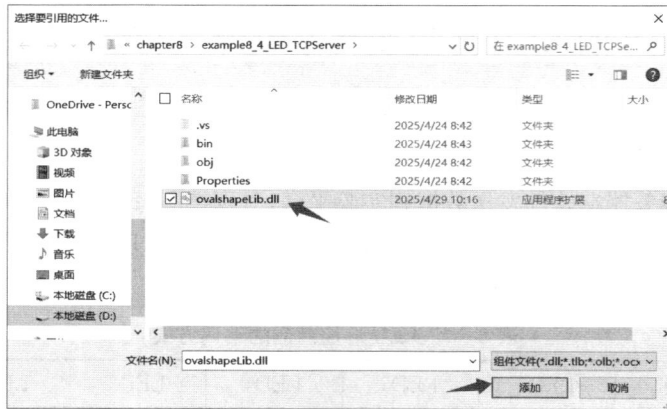

图 8 - 16　添加引用过程 3

LEDTcpServer 控制软件如图 8 - 17 所示。

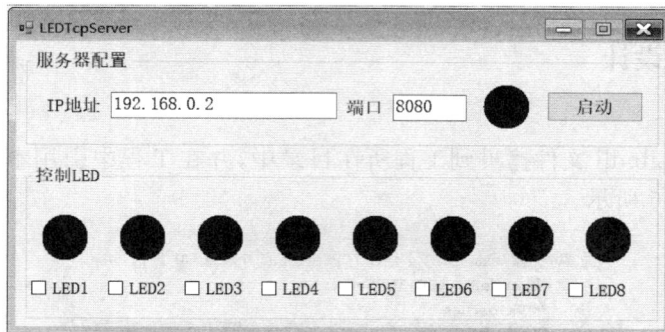

图 8 - 17　LEDTcpServer 控制软件

（2）窗体属性设置（所有控件的 Font 属性设置为宋体小四号）

窗体的主要属性如表 8 - 8 所示。

表 8 - 8　窗体的主要属性及属性值

属性名称	属性值
Name	frmLEDTcpServer
Text	LEDTcpServer

（3）TextBox 控件的主要属性

TextBox 控件的主要属性如表 8 - 9 所示。

表 8 - 9　TextBox 控件的主要属性及属性值

Name	Text	Enable	用途
txtServerIP		True	输入本地 IP 地址
txtServerPort		True	输入本地端口号

（4）OvalShape 控件的主要属性

OvalShape 控件的主要属性如表 8-10 所示。

表 8-10　OvalShape 控件的主要属性及属性值

Name	BackColor	用途
osLED8	Color.Black	LED8
osLED7	Color.Black	LED7
osLED6	Color.Black	LED6
osLED5	Color.Black	LED5
osLED4	Color.Black	LED4
osLED3	Color.Black	LED3
osLED2	Color.Black	LED2
osLED1	Color.Black	LED1

（5）CheckBox 控件的主要属性

CheckBox 控件的主要属性如表 8-11 所示。

表 8-11　CheckBox 控件的主要属性及属性值

Name	Text	用途
chBoxLED8	LED8	LED8
chBoxLED7	LED7	LED7
chBoxLED6	LED6	LED6
chBoxLED5	LED5	LED5
chBoxLED4	LED4	LED4
chBoxLED3	LED3	LED3
chBoxLED2	LED2	LED2
chBoxLED1	LED1	LED1

8.6.3　功能实现代码

（1）定义成员变量：

```
TcpListener _server = null;
Thread _thread = null;
TcpClient _client = null;
IPEndPoint _ipendpoint = null;
int _port = 0;
bool _begin = false;
int[] _myCode = { 0, 0, 0, 0, 0, 0, 0, 0 };
NetworkStream _stream;
```

（2）btnConnect 的事件代码：

```
if (btnConnect.Text == "启动") {
    string serverName = txtServerIP.Text.Trim();
    string portName = txtServerPort.Text.Trim();
    btnConnect.Text = "停止";
    osStart.BackColor = Color.Red;
    _port = int.Parse(portName);
    _server = new TcpListener(IPAddress.Parse(serverName), _port);
    _server.Start();
    _begin = true;
    _thread = new Thread(new ThreadStart(Start));
    _thread.Start();
}
else{
    osStart.BackColor = Color.Black;
    _begin = false;
    _server.stop();
    btnConnect.Text = "启动";
}
private void Start() {
    try{
        while (_begin) {
            if (_client == null) {
                _client = _server.AcceptTcpClient();
            }
            _ipendpoint = _client.Client.RemoteEndPoint as IPEndPoint;
            _stream = _client.GetStream();
        }
    }
    catch (Exception ex) {
        _thread.Abort();
        MessageBox.Show(ex.Message);
    }
}
```

（3）chBoxLED8 的事件代码：

```
private void chboxLED8_CheckedChanged(object sender, EventArgs e) {
    if (chBoxLED8.Checked) {
        _myCode[0] = 1;
        osLED8.BackColor = Color.Red;
    }
```

```
        else{
            _myCode[0] = 0;
            osLED8.BackColor = Color.Black;
        }
        ControlLEDS();
}
private void ControlLEDS(){
    int ledData = 0;
    for (int k = 6; k >= 0; k --){
        int temp = 1;

        for (int i = 0; i < k; i ++){
            temp *= 2;
        }
        ledData = ledData + _myCode[k] * temp;
    }
    byte[] buffer = { 0 };
    buffer[0] = Convert.ToByte(ledData);
    _stream.Write(buffer, 0, buffer.Length);
}
其他的 CheckBox 事件仿照 chBoxLED8 的事件代码
```

8.6.4　功能测试

Step1：将计算机连接到 Wifi（热点）上，查看计算机 IP 地址，查看计算机的网络信息，如图 8-18 所示。

SSID:	4G-MIFI-C64B
协议:	Wi-Fi 4 (802.11n)
安全类型:	WPA2-个人
网络频带:	2.4 GHz
网络通道:	6
链接速度(接收/传输):	135/135 (Mbps)
IPv6 地址:	2408:893a:11e1:6b4f:a2d6:69b9:956b:efb1
本地链接 IPv6 地址:	fe80::c1e8:1fe7:39c7:548b%6
IPv6 DNS 服务器:	fe80::1234%6
IPv4 地址:	192.168.100.198

图 8-18　将计算机连接到 Wifi 热点

Step2：运行本软件，进行相关配置后，点击"启动"，如图 8-19 所示。

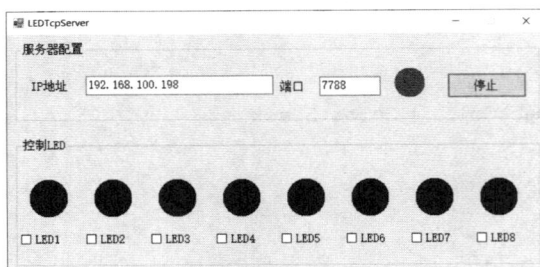

图 8 - 19　运行 **LEDTcpServer** 软件

Step3：打开实验平台工作模式配置软件"ConfigerSofteware.exe"，填写参数（根据自己的网络填写）如图 8 - 20 所示，其中"远程 IP 地址"和"远程端口"两个参数必须与图 8 - 19 中的一样，否则不能成功，点击"配置"。

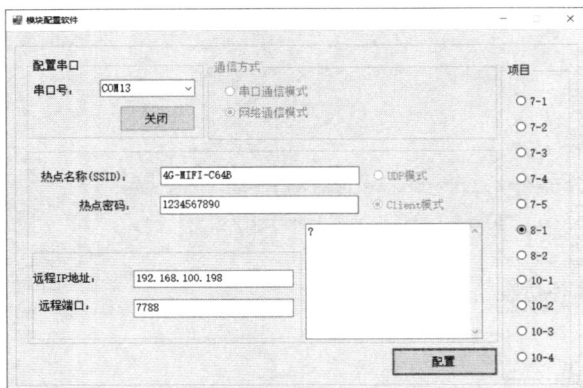

图 8 - 20　将实验平台配置为 **TCP Client** 模式

Step4：在本软件中打开或关闭控制各个 LED 灯，并观察实验平台中各 LED 灯的状态，测试结果如图 8 - 21 所示。

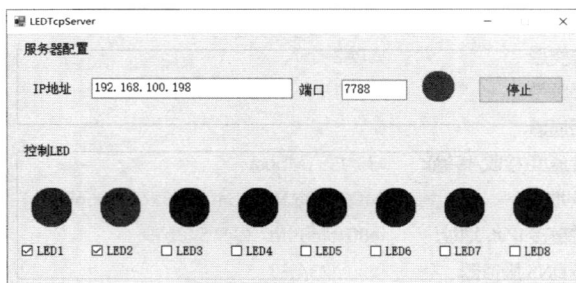

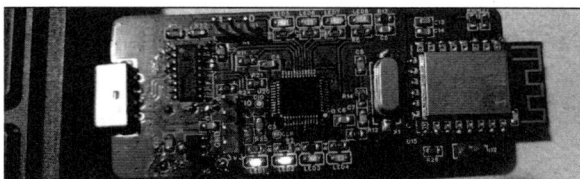

图 8 - 21　控制各个 LED 灯

8.7　基于 UDP 通信的数据采集程序设计(项目 2)

8.7.1　数据通信协议

在实验平台配置好后,将不断上传格式为"x.xxVxxxmA"格式的数据。

8.7.2　界面设计

(1)界面设计

电源数据采集软件界面如图 8-22 所示。

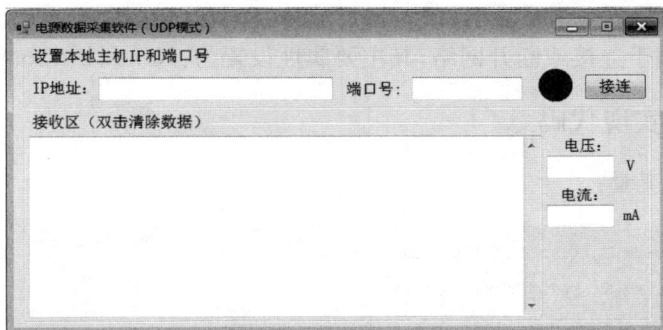

图 8-22　电压采集软件界面

(2)窗体属性

窗体的主要属性如表 8-12。

表 8-12　窗体的主要属性及属性值

属性名称	属性值
Name	frmVoltageCollection
FormBorderStyle	fixedSingle
MaximizeBox	False
StartPosition	CenterScreen
Text	电压采集软件(UDP 模式)

(3)TextBox 控件的主要属性

TextBox 控件的主要属性如表 8-13 所示。

表 8-13　TextBox 控件的主要属性及属性值

Name	Text	Enable	用途
txtLocalIP		True	输入本地 IP 地址
txtLocalPort		True	输入本地端口号

Name	Text	Enable	用途
txtReceivedData		True	显示接收到的数据
txtVoltage		True	显示电压
txtCurrent		True	显示电流

另将 txtReceivedData 的 MultiLine 属性设置为 True，ScrollBars 属性设置为 Vertical。

（4）OvalShape 控件的主要属性

OvalShape 控件用于显示网络连接的状态，其主要属性设置为 Name：osStatus；BackColor：Color.Black。

（5）Button 控件的主要属性

Button 控件用于连接或断开网络，其主要属性设置为：Name：btnConnect；Text：连接。

8.7.3　功能实现代码

（1）定义成员变量

```
private UdpClient _receiveUdpClient = null;
private UdpClient _sendUdpClient = null;
private bool _isOpen = false;
Thread _threadReceive = null;
```

（2）btnConnect 的事件代码

```
try{
    if (btnConnect.Text == "连接"){
        string localIPName = txtLocalIP.Text;
        string localPort = txtLocalPort.Text;
        btnConnect.Text = "断开";
        IPAddress localIP = IPAddress.Parse(localIPName);
        IPEndPoint localIPEndPoint = new IPEndPoint(localIP, int.Parse(localPort));
        _receiveUdpClient = new UdpClient(localIPEndPoint);
        _sendUdpClient = _receiveUdpClient;
        _isOpen = true;//打开网络端口
        osStatus.BackColor = Color.Red;
        _threadReceive = new Thread(ReceiveMessage);
        _threadReceive.Start();//打开线程
    }
    else{
        btnConnect.Text = "连接";
        if (_isOpen){
            _threadReceive.Abort();
```

```
            osStatus.BackColor = Color.Black;
            _receiveUdpClient.Close();
            _isOpen = false;
        }
    }
}
catch (Exception ex){
    MessageBox.Show(ex.Message);
}


private void ReceiveMessage(){
    IPEndPoint remoteIPEndPoint = new IPEndPoint(IPAddress.Any, 0);
    while (true){
        try{
            byte[] receiveBytes = _receiveUdpClient.Receive(ref remoteIPEndPoint);
            string message = Encoding.UTF7.GetString(receiveBytes, 0,
receiveBytes.Length);
            txtVoltage.Text = (float.Parse(message.Substring(0, 4))).ToString();
            txtCurrent.Text = (int.Parse(message.Substring(5, 3))).ToString();
            this.txtReceivedData.Text += message + System.Environment.NewLine;
        }
        catch { break;}
    }
}
```

（3）txtReceivedData_DoubleClick 事件代码

```
private void txtReceivedData_DoubleClick(object sender, EventArgs e){
    txtReceivedData.Clear();
}
```

8.7.4　功能测试

Step1：参考 8.6 内容，将计算机连接到 wifi 热点或路由器上，得到计算机的 IP 地址。

Step2：运行本软件，对软件设置如图 8-23 所示参数，点击"连接"按钮连接网络。

Step3：打开实验平台工作模式配置软件，填写如图 8-24 所示参数（根据自己的网络填写），选择项目编号"8-2"，点击"配置"按钮配置实验平台。

Step5：可以看到实验平台不断地上传数据到本软件中，旋转实验平台上的滑动变阻器，可以观察到电压电流值不断变化，测试效果如图 8-25 所示。

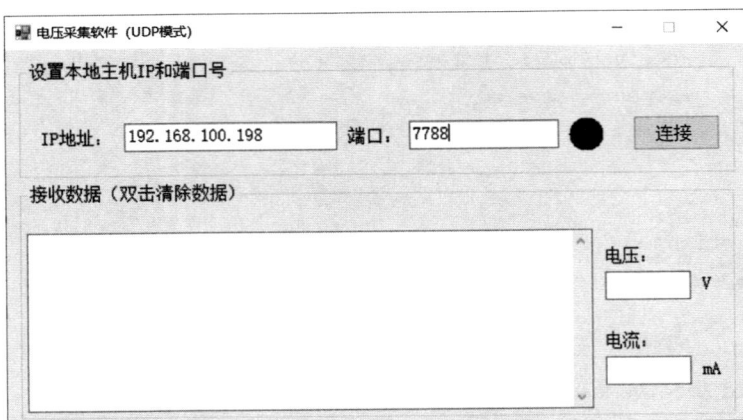

图 8‒23 设置参数打开网络

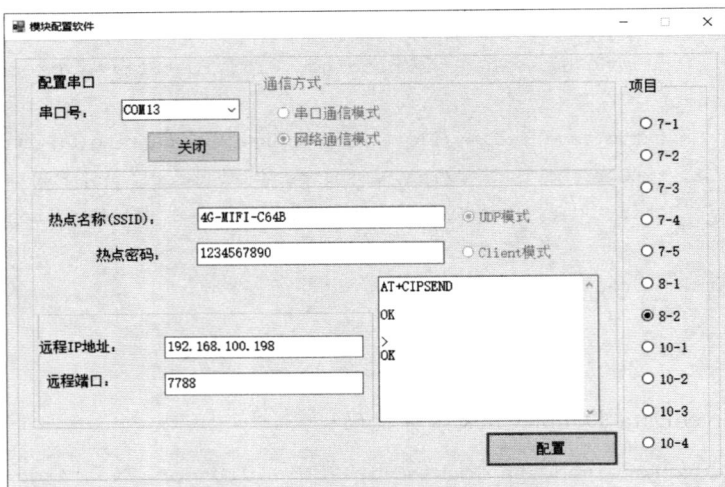

图 8‒24 将实验平台配置成 UDP 模式

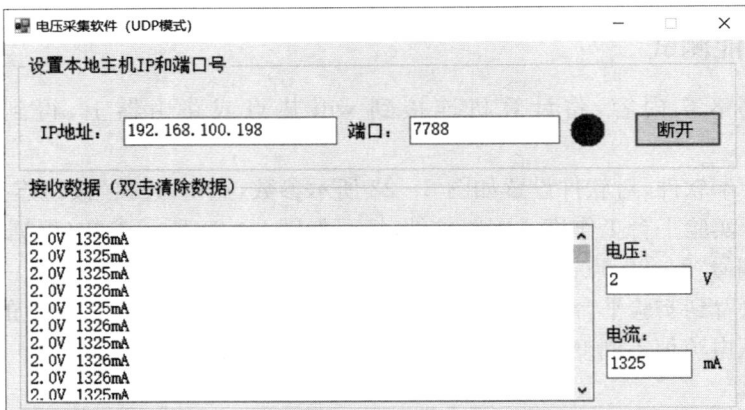

图 8‒25 测试效果

8.8　小结

本章的主要内容有：
（1）多线程技术。
（2）TCP 技术及基于 TCP 技术的网络通信程序设计。
（3）UDP 技术及基于 UDP 技术的网络通信程序设计。

8.9　习题

（1）在进行基于 TCP 技术的服务器端程序设计时，需要哪几个类，主要调用了哪些方法？
（2）在进行基于 TCP 技术的客户端程序设计时，需要哪几个类，主要调用了哪些方法？
（3）在进行基于 UDP 技术的程序设计时，需要哪几个类，主要调用了哪些方法？

第 9 章　基于 SQLite 数据库的程序设计

在大型电子系统的数据采集与控制程序设计中,常常需要将采集到的数据保存到数据库中,便于日后进行数据分析。最常见的数据库有 SQLite、SQL Server、MySQL、Access 等。

考虑到数据库的主要操作语句相似性、数据库安装及数据库管理难度等因素,本书中只学习使用C#访问 SQLite 数据库。

SQLite 是一款轻型的数据库,具有处理速度快的优点,它的设计目标是嵌入式的,而且已经在很多嵌入式产品中得到使用。它占用资源非常低,在嵌入式设备中,可能只需要几百 K 的内存就够了。它能够支持 Windows/Linux/Unix 等主流的操作系统,能够跟C#、Java 等多种程序语言相结合。

为了操作简单,在使用 SQLite 数据库之前,需要安装 SQLiteStudio,并使用 SQLiteStudio 创建数据库、数据表。

9.1　ADO.NET 概述

ADO.NET 是改进的用于开发可扩展应用程序的 ADO 数据访问模型,是专门为可伸缩性、无状态和 XML 核心的 web 而设计的。

ADO.NET 使用了 Connection、Command、DataSet、DataReader 和 DataAdapter 等对象操作数据库,其中 Connection、Command、DataReader 和 DataAdapter 为 ADO.NET 的 4 个核心组件,其主要作用如表 9-1 所示。

表 9-1　核心组件及其主要作用

对象	说明	特点
Connection	建立与特定数据库的连接	可以自己创建,也可由其他对象自动产生(如 DataAdapter)
Command	对数据源执行命令	通过 Connection 对象来下达命令
DataAdapter	用数据源中的查询结果填充 DataSet 对象	DataAdapter 填充到 DataSet 中
DataReader	从数据源中读取只读的数据流	DataReader 读取数据

ADO.NET 对象之间的关系如图 9-1 所示。

ADO.NET 支持 SQL Server、SQLite 等数据库访问,使用 System.Data.SqlClient 命名空间中的相关类对 SQL Server 数据库实现操作,使用 System.Data.SQLite 命名空间里的相关类对 SQLite 数据库实现操作。对这两种数据访问的具体类如表 9-2 所示。

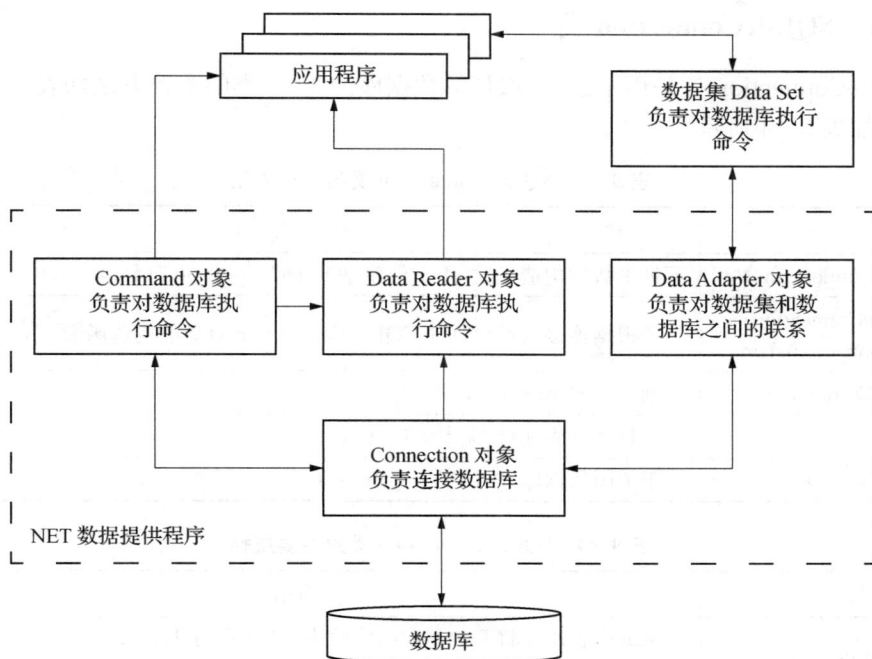

图 9-1　ADO.NET 对象之间的关系

表 9-2　访问不同数据库的类

类	SQL 类	SQLite 类
Connection	SqlConnection	SQLiteConnection
Command	SqlCommand	SQLiteCommand
DataAdapter	SqlDataAdapter	SQLiteDataAdapter
DataReader	SqlDataReader	SQLiteDataReader

　　DataSet 对象是独立的不同于任何其它对象的数据存储，能够作为独立的实体，可以将 DataSet 理解为总是断开连接对它包含的数据源和目标一无所知的记录集，在 DataSet 内部，就像一个数据库一样，有表、列、关系、约束、视图等等。

　　DataAdapter 提供了在 DataSet 和数据源之间用于检索和保存数据的桥梁，是通过对数据存储请求正确的 SQL 指令实现的。

　　在一般的应用场合中，可以使用 Connection、Command、DataReader 这三个对象完成对数据库的简单操作。

9.2　SQLite 相关类

　　C#操作 SQLite 数据库相关的主要类有：SQLiteConnection 类、SQLiteCommand 类、SQLiteDataReader 对象。

9.2.1　SQLiteConnection 类

SQLiteConnection 类是用于连接 SQLite 数据库的类,该类的主要方法如表 9 - 3 所示,主要属性如表 9 - 4 所示。

表 9 - 3　SQLiteConnection 类的主要方法

方法名称	作用
SQLiteConnection()	不带参数的构造函数,用于创建 SQLiteConnection 对象;
SQLiteConnection (string connectionstring)	一个根据连接字符串创建 SQLiteConnection 对象的构造函数。
CreateCommand()	得到一个 Command 对象。
Open()	用于打开据库连接,无参无返回值。
Close()	用于关闭数据库连接,无参无返回值。

表 9 - 4　SQLiteConnection 类的主要属性

属性名称	作用
ConnectionString	获取或设置用于打开数据库的字符串,其格式为"Data Source ="+ 数据库文件名+ "; Version = 3;";
State	用于判断 Connection 连接的状态,其值为 ConnectionState. Close 或 ConnectionState.Open。

9.2.2　SQLiteCommand 类

SQLiteCommand 类的对象主要用来执行 SQL 语句,可以查询数据和修改数据,该对象一般是由 Connection 的对象创建的。

SQLiteCommand 对象一般只需要掌握相关方法即可,其主要方法如表 9 - 5 所示。

表 9 - 5　SQLiteCommand 对象的主要方法

方法名称	作用
ExecuteNoQuery()	用来执行增、删、改 SQL 操作语句,返回值类型 integer,表示操作影响的行数。
ExecuteReader()	返回一个只读的数据集(SQLiteDataReader),常用来作查询操作。

9.2.3　SQLiteDataReader 类

SQLiteDataReader 对象逐行从数据源中读取数据,其主要属性如表 9 - 6 所示,其主要方法如表 9 - 7 所示。

表 9 - 6　SQLiteDataReader 对象的主要属性

属性名称	作用
Fieldcount	取得当前记录的字段数

表 9‑7　**SQLiteDataReader 对象的主要方法**

方法名称	作用
Getname(i)	取得指定下标 i 字段(列)的名称。
Getvalue(i)	取得指定下标 i 字段(列)的内容。
Read()	读入下一条记录
Close()	关闭 DataReader 对象

9.3　数据库技术应用——学生信息管理系统

9.3.1　项目需求

设计一个软件,将学生信息数据添加到 SQLite 数据库中,再通过"查询",将添加到数据库中的所有数据放在 ListView 控件中显示。

9.3.2　界面设计

将工程名称取为 WFAStudentAccess,将窗体所在的.cs 文件名改为 frmStudentAccess.cs,将窗体的 Text 属性设置为"学生信息数据库软件",StartPosition 属性设置为 CenterScreen,将边框属性设置为 FixedSingle,禁止最大化按钮,具体界面如图 9‑2 所示。

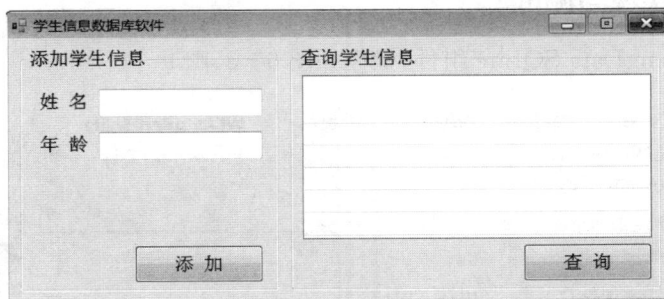

图 9‑2　学生信息数据库软件界面

从工具栏中添加两个组合框,将 Text 属性分别设置为添加"添加学生信息"和"查询学生信息",将 Name 属性分别设置为 gboxAdd 和 gboxRequire,将字体属性设置为"宋体小四号";再添加 1 个 Listview 控件、2 个 Lable 控件、2 个 TextBox 控件、2 个 Button 控件到窗体中,这些控件的相关属性设置如表 9‑8 所示。

表 9‑8　**控件相关属性设置**

控件类型	属性名	属性值
Lable	Name	lblName
	Text	姓　名

续　表

控件类型	属性名	属性值
Lable	Name	lblAge
	Text	年　龄
TextBox	Name	txtName
	Text	
	Name	txtAge
	Text	
Button	Name	btnAdd
	Text	添　加
	Name	btnRequire
	Text	查　询
ListView	Name	lvStudent
	View	Details
	GridLines	True
	Scrollable	True

9.3.3　功能实现与测试

（1）安装 System.Data.SQLite 组件，操作如图 9-3、图 9-4 所示。

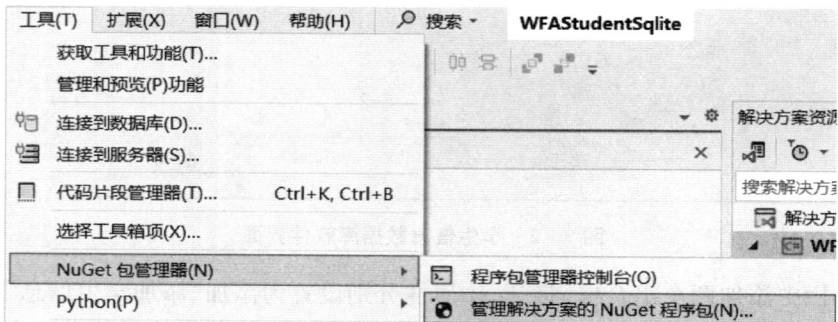

图 9-3　进入 NuGet 包管理器

（2）编译工程并使用 SQLiteStudio 在工程的 Debug 目录中新建 SQLite 数据库 StudentInfor.db，在数据库中数据表 student，如图 9-5 所示。

（3）添加 SQLiteConnection、SQLiteCommand 两个类的成员：

```
private SQLiteConnection _connection;
private SQLiteCommand _command;
```

图 9-4　选择要安装的组件

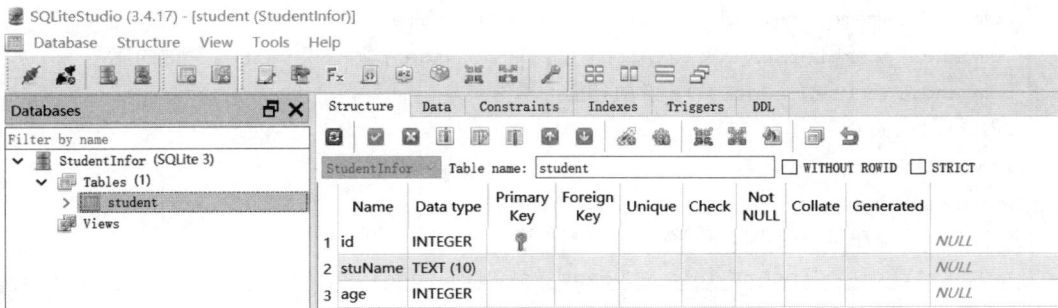

图 9-5　student 表结构

（4）在窗体加载事件中添加如下代码：

```
string sqlConString = Application.StartupPath + "\\ StudentInfor.db";
sqlConString = "Data Source ="+ sqlConString + ";Version = 3;";
_connection = new SQLiteConnection(sqlConString);
_connection.Open();
_command = _connection.CreateCommand();
```

（5）给"添 加"按钮添加如下事件代码：

```
string name = txtName.Text.Trim();
string strAge = txtAge.Text.Trim();
int age = 0;
if (name.Length == 0) //也可以写成 if(name.Trim()=="")
    {MessageBox. Show (" 请 输 入 姓 名 信 息", "警 告", MessageBoxButtons. OK,
MessageBoxIcon.Warning);
    txtName.Focus();
    return;
}
try{
    age = int.Parse(strAge);
}
catch {
    MessageBox. Show ("年 龄 应 该 填 空 且 是 数 字", "警 告", MessageBoxButtons. OK,
MessageBoxIcon.Warning);
    txtAge.Focus();
    return;
}
string insertQuery = "INSERT INTO student (stuName, age) VALUES (@ value1,
@value2)";
_command.CommandText = insertQuery;
_command.Parameters.AddWithValue("@value1", name); // 替换 value1 为你的值
_command.Parameters.AddWithValue("@value2", age); // 替换 value2 为你的值
_command.ExecuteNonQuery(); // 执行插入操作
txtAge.Clear();
txtName.Clear();
txtName.Focus();
备注:插入数据也可以使用以下语句:
string strSql = "insert into student (stuName,age) values ('"+ name +"',"+ age
+")";
_command.CommandText = strSql;
_command.ExecuteNonQuery();
```

（6）给"查 询"按钮添加如下事件代码：

```
lvStudent.Clear();
lvStudent.Columns.Add("姓名", 150, HorizontalAlignment.Center);
lvStudent.Columns.Add("年龄", 150, HorizontalAlignment.Center);
string strSql = "select stuName,age from student";
_command.CommandText = strSql;
SQLiteDataReader _reader = _command.ExecuteReader();
```

```
while (_reader.Read()){
    ListViewItem lvi = new ListViewItem();
    lvi.Text = _reader.GetValue(0).ToString();
    lvi.SubItems.Add(_reader.GetValue(1).ToString());
    lvStudent.Items.Add(lvi);
}
```

运行效果如图 9-6 所示。

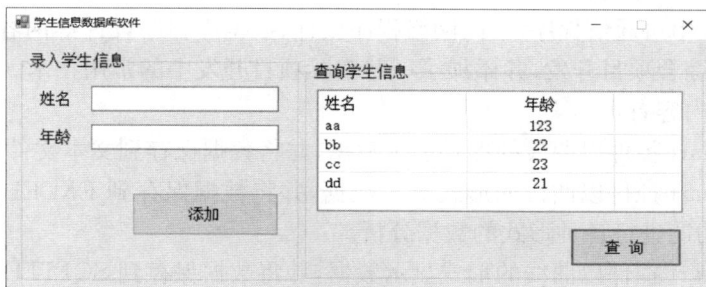

图 9-6 学生信息数据库软件运行效果

9.4 小结

本节本项目只介绍了用于数据库操作的三个类 SQLiteConnection、SQLiteCommand、SQLiteDataReader,这三个类可以完成数据库的一般性读取、插入、删除、更新操作。更为复杂的数据库操作方法,还需要使用 DataAdapter 和 DataSet 类,请读者自己查阅相关资料。

9.5 习题

(1) C#操作 SQLite 数据库时,需要用到哪些类,每个类的作用是什么?
(2) 什么是数据表的主键?

第 10 章　综合项目实战

通过前几章的学习,已掌握了C#的基本语法、面向对象编程思想、文本文件操作、窗体式应用程序设计、串口通信程序设计、网络程序设计、数据库程序设计等内容,本章将综合使用这些知识进行综合项目开发,并添加了一些实际项目开发中的常用技术。

本章的主要内容有:

(1) 使用 Chart 控件以曲线的形式显示数据,并将数据保存到文本文件中。

(2) 使用 Chart 控件以曲线的形式显示数据,并将数据保存到 EXCEL 文件中,并利用 EXCEL 的强大功能进行各种形式的数据分析。

(3) 使用 Chart 控件以曲线的形式显示数据,并将数据保存到 SQLITE 数据库中。

10.1　使用曲线图显示数据(网络通信 UDP 版,综合项目 1)

10.1.1　项目要求

将 8.7 节项目二的基础上进行改进,要求在该项目的基础上使用 Chart 控件将采集到的电压、电流值以曲线的形式显示。

设计如图 10-1 所示的运行界面。

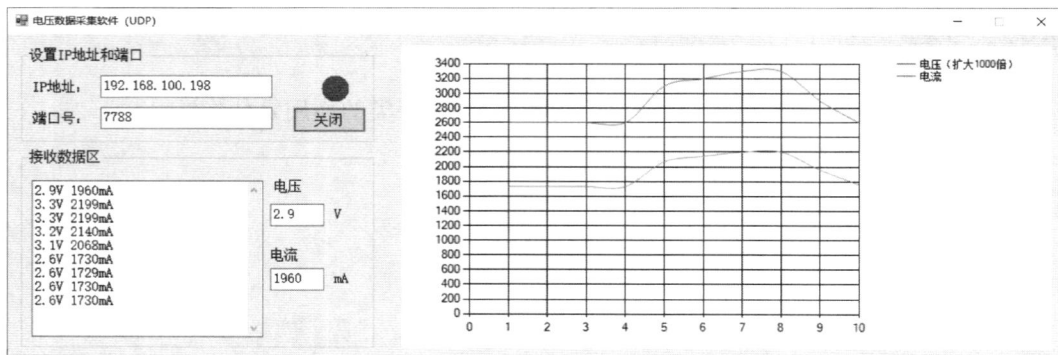

图 10-1　综合项目一的运行界面

10.1.2　Chart 控件简介

Chart 图表控件功能比较强大,可以支持各种各样的图形显示,常见的有点状图、柱状图、曲线图、面积图、排列图等等,同时也支持 3D 样式的图表显示。

Chart 图表控件主要由以下几个部分组成：

（1）Annotations—图形注解集合；

（2）ChartAreas—图表区域集合

（3）Legeds—图例集合；

（4）Series—图表序列的集合 ；

（5）Titles—图表的标题集合 。

在一般的应用中，只需要掌握集合 ChartAreas 和集合 Series 的相关应用即可。

10.1.3　集合 Axes

集合 Axes 是集合 ChartAreas 的一个属性，通过设计集合 Axes 的相关属性，可以美化图表。

集合 Axes 共有 X axis、Y(Value) axis、Secondary X axis、Secondary Y(Value) axis 四个成员，通过设置这四个成员的相关属性，就可以美化图表的形状，在一般应用场合中，重点关心 X axis、Y(Value) axis 这两个成员，这两个成员的主要属性相同且为：

（1）LineWidth 属性：该属性用于设置 x 坐标轴的粗细。

（2）Maximum 属性：该属性用于设置显示在坐标轴上的最大值。

（3）Minimum 属性：该属性用于设置显示在坐标轴上的最小值。

（4）MajorGrid 属性：该属性用于设置显示在图表上风格的样式，主要的样式如图 10 - 2 所示。

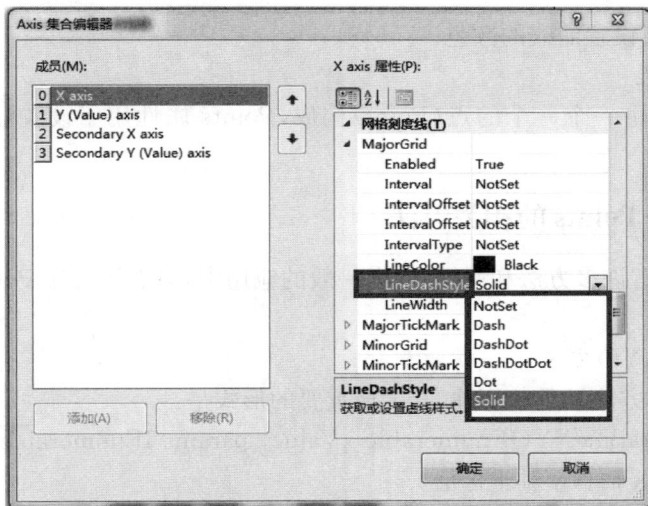

图 10 - 2　MajorGrid 属性的 LineDashStyle 属性取值范围

10.1.4　集合 Series 的相关属性

集合 Series 是 Chart 控件的一个集合，它有很多属性，常用的属性有：

（1）Name 属性

Name 属性是用来显示在图表中的曲线标注，如图 10 - 1 中的"电压""电流"。

（2）ChartType 属性

ChartType 属性是用来设置图形样式,该属性共有 11 种,本书只使用 Spline(曲线)样式,如图 10-3 所示。

（3）BorderWidth 属性

BorderWidth 属性用来设置曲线的粗细程度。

（4）BorderDashStyle 属性

BorderDashStyle 属性用来设置曲线的样式,有"点""虚线"等样式,具体如图 10-4 所示。

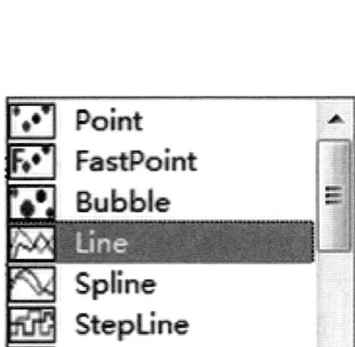

图 10-3　ChartType 属性值　　　　图 10-4　BorderDashStyle 属性

（5）Color 属性

Color 属性用于设置曲线的颜色。

（6）Points 属性

图表上的点是由一个一个的点(Point)构成,Points 属性用于设置显示在图表上的点集合。

10.1.5　集合 Points 的相关方法

Points 集合也有许多方法和属性,但在一般的应用中,只需要关注 Points 集合的以下常用方法:

（1）DataBindXY()方法

DataBindXY()方法被重载两种,其中最重要的形式是:

public void DataBindXY(IEnumerable xValue, params IEnumerable[] yValues),用于设置要曲线各点的 x 轴和 y 轴坐标值。

其中参数:

① xValue:将提供的数据点 X 值的数据源;

② yValues:以逗号分隔列表的值的 DataPoint 对象添加到集合。

（2）DataBindY()方法

DataBindY()方法被重载两种,其中最重要的形式是:

public void DataBindY(params IEnumerable[] yValue),用于设置要显示的点的 y 轴坐标值,而 x 坐标值自动从 1 开始。

参数 yValue：System.Collections.IEnumerable[ ]列出了 IEnumerable <T>数据源，由一个或多个逗号分隔列表。

（3）AddXY( )方法

AddXY( )方法被重载两种，其中最重要的形式是：

public int AddXY(double xValue，double yValue)，用于设置点的 x 轴、y 轴的坐标值。

（4）AddY( )方法

AddY( )方法被重载两种，其中最重要的形式是：

public int AddY(double yValue)，用于设置点的 y 轴坐标值，而 x 轴坐标值自动从 1 开始添加。

（5）Clear( )方法

删除图表中的所有点。

10.1.6　设计界面

在 8.7.2 节界面的基础上添加一个 Button 控件、一个 SaveFileDialog 控件、一个 Chart 控件，实现将数据保存到文本文件中，并以曲线形式显示数据功能。

（1）将 Button 控件的 Name 属性设置为 btnSave，Text 属性设置为"保存"；

（2）将 SaveFileDialog 控件的 Name 属性设置为 sfdFile，Filter 属性设置为"文本文件（*.txt)|*.txt"。

（3）在 Chart 控件中添加两个 series 集合，将 series[0]的 Name 属性设置为"电压"，将 series[1]的 Name 属性设置为"电流"，将两个 series 集合的 ChartType 属性均设置为 Spline（曲线）形式，其他属性保存默认值。

软件界面如图 10-1 所示。

10.1.7　功能实现与测试

本项目的数据接收、解析及保存请参考以前的内容，此处重点讲解如何实现用曲线显示数据。

功能实现的编程思想是：将接收解析好的数据放在电压、电流数组中，将这两个数组添加到 Chart 中。具体实现代码为：

（1）定义成员

```
private UdpClient _receiveUdpClient = null;
private UdpClient _sendUdpClient = null;
private bool _isOpen = false;
Thread _threadReceive = null;
double [] _vo;
double [] _cur;
```

（2）在 FormVoltageCollection_Load( )事件方法中添加如下代码

```
_vo = new double[10];
_cur = new double[10];
```

```
chartConlection.ChartAreas[0].AxisX.Maximum = 10; //设定 x 轴的最大值
chartConlection.ChartAreas[0].AxisY.Maximum = 3400; //设定 y 轴的最大值
chartConlection.ChartAreas[0].AxisX.Minimum = 0; //设定 x 轴的最小值
chartConlection.ChartAreas[0].AxisY.Minimum = 0; //设定 y 轴的最小值
chartConlection.ChartAreas[0].AxisY.Interval = 200;
chartConlection.ChartAreas[0].AxisX.Interval = 1;
```

（3）自定义添加数据、移动数据方法

```
void InsertIntoArray(float v,float c)
{ //总是将最新数据添加到数据的最右边,使曲线看起来像示波器的显示一样
    for (int i = 1; i < 10; i ++) {
        _vo[i - 1] = _vo[i];
        _cur[i - 1] = _cur[i];
    }
    _vo[9] = v * 1000;
    _cur[9] = c;
    chartConlection.Series[0].Points.DataBindY(_vo);
    chartConlection.Series[1].Points.DataBindY(_cur);
}
```

（4）修改项目 8.7 中的 ReceiveMessage()方法体内容

```
void ReceiveMessage(){
    IPEndPoint remoteIPEndPoint = new IPEndPoint(IPAddress.Any, 0);
    while (true){
        try{
            float voltage = 0.0f;
            int current = 0;
            int intV = 0,intC = 0;
            //关闭 receiveUdpClient 时此句会产生异常
            byte[] receiveBytes = _receiveUdpClient.Receive(ref remoteIPEndPoint);
            string message = Encoding.UTF7.GetString(receiveBytes, 0, receiveBytes.
                            Length);
            intV = message.IndexOf("V");
            intC = message.IndexOf("mA");

            voltage = float.Parse(message.Substring(0, intV));
            current = int.Parse(message.Substring(intV + 1, intC - intV - 1));
            InsertIntoArray(voltage, current);
            txtVoltage.Text = voltage.ToString();
            txtCurrent.Text = current.ToString();
            this.txtReceivedData.Text = message + "\ r \ n"+ txtReceivedData.Text;
```

```
            }
            catch (Exception ex){
                MessageBox.Show(ex.Message);
            }
        }
    }
```

（5）测试

参考 8.7 节项目 2 的测试方法对实验平台进行相关配置，按图 10-1 所示进行相关配置，点击"打 开"按钮，就可以得到如图 10-1 的测试结果，不断旋转滑动变阻器，观察上传上来的数据及曲线图形。

10.1.8　项目总结

本项目使用 Chart 控件实现数据的图形化显示，Chart 控件是一个很复杂的控件，本书只介绍了与曲线显示相关的最常用的集合及属性。关于更丰富的使用方法，请读者自己通过"百度"等搜索引擎或参考书籍查阅相关资料。

10.2　使用曲线图显示数据(串口通信版，综合项目2)

10.2.1　项目要求

在 7.2.2 节界面的基础上添加一个 Button 控件、一个 SaveFileDialog 控件及一个 Chart 控件，并去掉不需要的其他控件，软件界面如图 10-5 所示，要求以曲线形式显示数据功能。

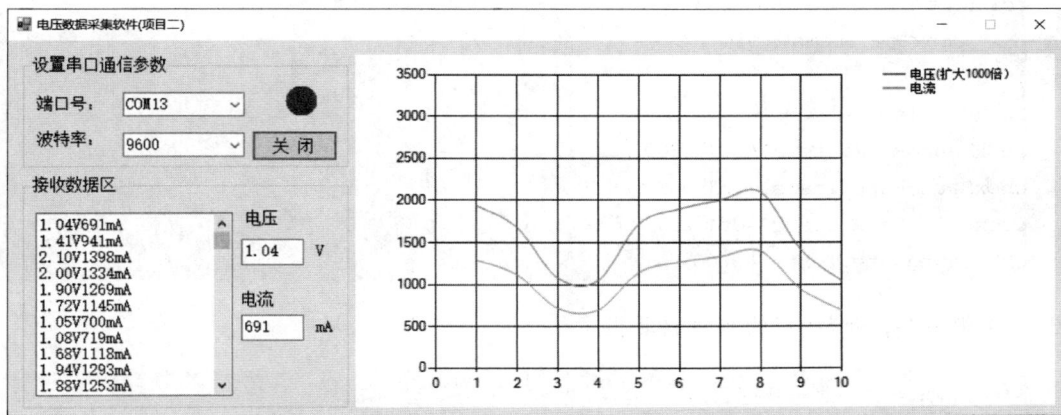

图 10-5　综合项目二的运行界面

（1）将 Button 控件的 Name 属性设置为 btnSave，Text 属性设置为"保存"；

（2）将 SaveFileDialog 控件的 Name 属性设置为 sfdFile，Filter 属性设置为"文本文件（＊.txt)｜＊.txt"。

（3）在 Chart 控件中添加两个 series 集合，将 series[0]的 Name 属性设置为"电压"，将 series[1]的 Name 属性设置为"电流"，将两个 series 集合的 ChartType 属性均设置为 Spline （曲线）形式，其他属性保存默认值。

10.2.2　功能实现与测试

本项目的数据接收、解析及保存请参考以前的内容，此处重点讲解如何实现用曲线显示数据。

功能实现的编程思想是：将接收解析好的数据放在电压、电流数组中，将这两个数组添加到 Chart 中。具体实现代码为：

（1）定义成员

```
private bool _isOpen = false;
double[] _vo;
double[] _cur;
```

（2）在 FormVoltageCollection_Load()事件方法中添加如下代码

```
_vo = new double[10];
_cur = new double[10];
chartConlection.ChartAreas[0].AxisX.Maximum = 10;//设定 x 轴的最大值
chartConlection.ChartAreas[0].AxisY.Maximum = 3500;//设定 y 轴的最大值
chartConlection.ChartAreas[0].AxisX.Minimum = 0;//设定 x 轴的最小值
chartConlection.ChartAreas[0].AxisY.Minimum = 0;//设定 y 轴的最小值
chartConlection.ChartAreas[0].AxisY.Interval = 500;
chartConlection.ChartAreas[0].AxisX.Interval = 1;
for (int i = 1; i < 100; i ++){
    cboxCom.Items.Add("COM"+ i);
}
cboxCom.Text = "COM1";
cboxBaundRate.Items.Add("4800");
cboxBaundRate.Items.Add("9600");
cboxBaundRate.Items.Add("115200");
cboxBaundRate.Text = "9600";
```

（3）编写"打 开"按钮的事件驱动程序

```
if (btnOpen.Text == "打 开"){
    try{
        spData.PortName = cboxCom.Text;
        spData.BaudRate = int.Parse(cboxBaundRate.Text);
        spData.Open();
    }
```

```
    catch{
        MessageBox.Show("指定的串口不存在或被占用", "警告", MessageBoxButtons.OK,
MessageBoxIcon.Error);
        return;
    }
    btnOpen.Text = "关 闭";
    osStatus.FillColor = Color.Red;
    gboxRecieve.Enabled = true;
}
else{
    btnOpen.Text = "打 开";
    osStatus.FillColor = Color.Black;
    gboxRecieve.Enabled = false;
}
```

（4）自定义添加数据、移动数据方法

```
void InsertIntoArray(float v,float c)
{//总是将最新数据添加到数据的最右边,使曲线看起来像示波器的显示一样
    for (int i = 1; i < 10; i ++){
        _vo[i - 1] = _vo[i];
        _cur[i - 1] = _cur[i];
    }

    _vo[9] = v *1000;
    _cur[9] = c;
    chartConlection.Series[0].Points.DataBindY(_vo);
    chartConlection.Series[1].Points.DataBindY(_cur);
}
```

（5）编写 private void spData _ DataReceived（object sender，System. IO. Ports. SerialDataReceivedEventArgs e）程序

```
float voltage = 0.0f;
int current = 0;
int indexV = 0;
int indexC = 0;
string message = spData.ReadExisting();
indexV = message.IndexOf("V");
voltage = float.Parse(message.Substring(0, indexV));
indexC = message.IndexOf("mA");
current = int.Parse(message.Substring(indexV + 1, indexC - indexV - 1));
InsertIntoArray(voltage, current);
```

```
txtVoltage.Text = voltage.ToString();
txtCurrent.Text = current.ToString();
this.txtReceivedData.Text = message +"\ r \ n"+ txtReceivedData.Text;
```

（6）测试

将实验板接入到 USB 接口，不断旋转滑动变阻器，观察上传上来的数据及曲线图形，可得到如图 10－5 的结果。

10.3　使用 Excel 文件存储数据（综合项目 3）

10.3.1　项目要求

在 10.2 节的项目二的基础上进行改进，要求在该项目的基础上引入 NPOI 库将数据保存到 Excel 文件中，界面如图 10－5 所示。

10.3.2　NPOI 库简介

在C#中使用 NPOI 库来写入数据到 Excel 文件是一个常见需求，尤其是在需要对 Excel 文件进行自动化处理时。NPOI 是一个开源的.NET库，它允许用户创建、修改和读取 Microsoft Office 格式的文档，如 Excel、Word 等。

10.3.3　功能实现与测试

在综合项目一的基础上修改源程序，功能的编程基本思想是：将采集到的数据保存到 ArrayList 对象中，点击"保存"按钮时，将 ArrayList 中的数据解析出来，保存到 Excel 文件中的第 1 列和第 2 列中。

（1）安装 NPOI

通过 NuGet 包管理器来安装，在 Visual Studio 中，通过"工具"→"NuGet 包管理器"→"管理解决方案的 NuGet 包"来搜索并安装 NPOI，并添加该引用的方法如图 10－6 所示。

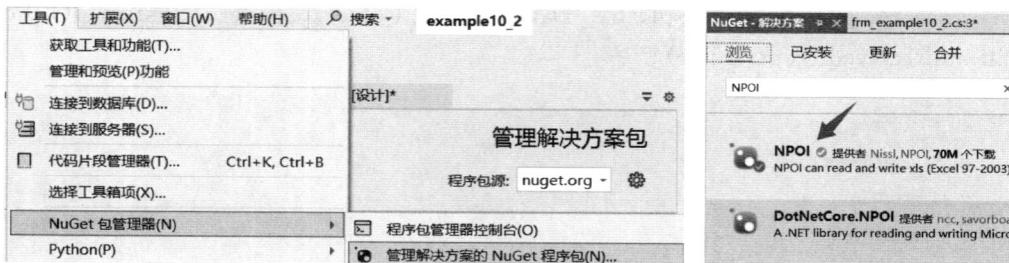

图 10－6　添加 Microsoft.Office.Interop.Excel 的方法

（2）在项目二的基础上添加新的命名空间

```
using NPOI.SS.UserModel;
using NPOI.XSSF.UserModel;
```

（3）在项目二的基础上添加新的成员

```
ArrayList _list = null;
```

（4）在 FormVoltageCollection_Load()事件方法中初始化_list 成员

```
_list = new ArrayList();
```

（5）在 ReceiveMessage()方法中将采集到的数据添加到_list 成员中

```
_list.Add(message); //将未解析的数据添加到列表中
```

（6）编写"保存"按钮的功能代码
在 btnSave_Click()方法中添加如下代码：

```
if (spData.IsOpen){
    btnOpen.Text = "打 开";
    osStatus.BackColor = Color.Black;
    spData.Close();
}
if (_list.Count == 0){
    MessageBox.Show("没有数据");
    return;
}
int indexV = 0;
int indexC = 0;
int index = 0;
try{
    IWorkbook workbook = new XSSFWorkbook();
    ISheet sheet1 = workbook.CreateSheet("Sheet1");
    string str;

    for (int rownum = 0; rownum < _list.Count; rownum++){
        IRow row = sheet1.CreateRow(rownum);
        str = _list[rownum].ToString();
        indexV = str.IndexOf("V");
        indexC = str.IndexOf("mA");

        ICell cell = row.CreateCell(0);
        cell.SetCellValue(str.Substring(0, indexV));
        cell = row.CreateCell(1);
        cell.SetCellValue(str.Substring(indexV + 1, indexC - indexV - 1));
    }
    str = DateTime.Now.Year.ToString();
```

```
    str += DateTime.Now.Month.ToString();
    str += DateTime.Now.Day.ToString();
    str += DateTime.Now.Hour.ToString();
    str += DateTime.Now.Minute.ToString();
    str += DateTime.Now.Second.ToString();
    // 将数据写入文件系统
    FileStream stream = new FileStream(str +".xlsx", FileMode.Create, FileAccess.
Write);
    workbook.Write(stream);
    MessageBox.Show("数据已保存");
  }
  catch (Exception ex){
      MessageBox.Show(ex.Message);
  }
```

（7）测试

测试方法与综合项目二相同，点击"保存"按钮后，就可以将数据保存到刚才新建的
Excel 文件中，该文件与应用程序（.exe 文件）在同一个目录（debug 目录）中，打开该 Excel 文
件可以查看保存在 Excel 文件中的数据。

10.3.4　项目总结

本项目使用 NPOI 来读写 Excel 文件，NPOI 是一套用 Java 写成的库，能够帮助开发者
在没有安装微软 Office 的情况下读写 Office 各版本的文件，支持的文件格式包括 xls、doc、
ppt 等。它可以被用于任何商业或非商业项目，但在设计的系统中必须保留 NPOI 中的所有
声明信息，对于源代码的任何修改，也必须做出明确的标识，具体使用方法请读者使用"百
度"等搜索引擎查阅相关资料。

10.4　使用 SQLite 数据库存储数据(综合项目 4)

10.4.1　项目要求

在 10.2 节的项目一的基础上进行改进，要求当点击"打开"按钮时，就接收到数据，将采
集到的数据添加到 SQLite 数据库中，通过"查看数据"按钮查询历史记录数据，并以曲线形
式显示，软件界面如 10-7 所示。

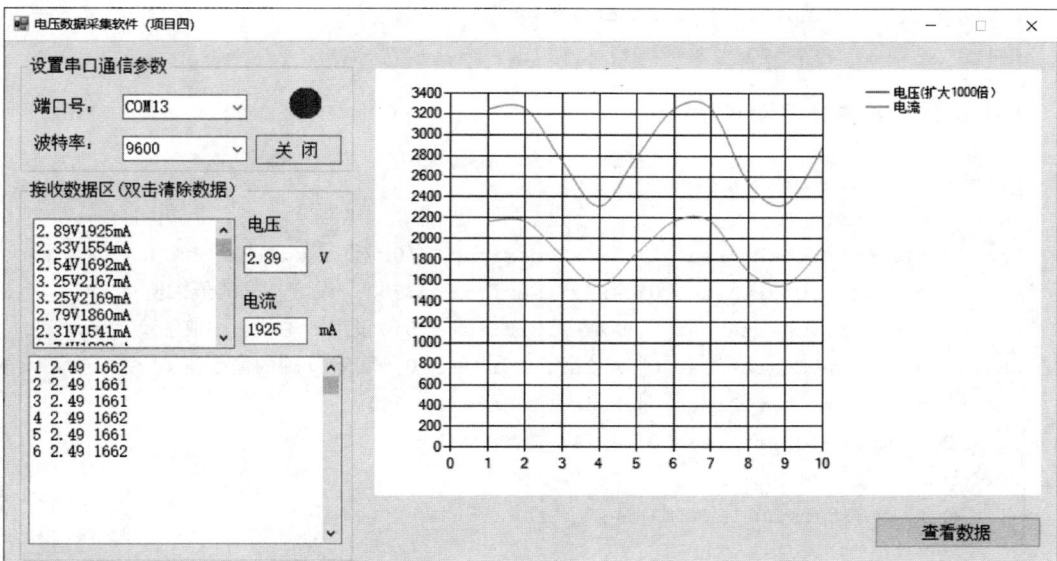

图 10-7　综合项目四的软件界面

创建数据库文件 voltage_current 和数据表 voltageCurrent，表结构如图 10-8 所示。

图 10-8　表结构

10.4.2　功能实现与测试

（1）添加所需要的命名空间

```
using System.Data.SQLite;
```

（2）定义成员变量

```
double[] _vo;
double[] _cur;
float voltage = 0.0f;
int current = 0;
int indexV = 0;
int indexC = 0;
string message;
```

```
private SQLiteConnection _connection;
private SQLiteCommand _command;
```

（3）窗体加载事件驱动程序

```
_vo = new double[10];
_cur = new double[10];
chartConlection.ChartAreas[0].AxisX.Maximum = 10; //设定 x 轴的最大值
chartConlection.ChartAreas[0].AxisY.Maximum = 3500; //设定 y 轴的最大值
chartConlection.ChartAreas[0].AxisX.Minimum = 0; //设定 x 轴的最小值
chartConlection.ChartAreas[0].AxisY.Minimum = 0; //设定 y 轴的最小值
chartConlection.ChartAreas[0].AxisY.Interval = 500;
chartConlection.ChartAreas[0].AxisX.Interval = 1;
for (int i = 1; i < 100; i ++) {
    cboxCom.Items.Add("COM"+ i);
}
cboxCom.Text = "COM1";
cboxBaundRate.Items.Add("4800");
cboxBaundRate.Items.Add("9600");
cboxBaundRate.Items.Add("115200");
cboxBaundRate.Text = "9600";
string str = Application.StartupPath + "\\ voltage_Current.db";
str = "Data Source ="+ str + ";Version = 3;";
_connection = new SQLiteConnection(str);
_connection.Open();
_command = _connection.CreateCommand();
```

（4）"打 开"按钮的事件驱动代码

```
if (btnOpen.Text == "打 开") {
    try{
        spData.PortName = cboxCom.Text;
        spData.BaudRate = int.Parse(cboxBaundRate.Text);
        spData.Open();
        btnOpen.Text = "关 闭";
        osStatus.BackColor = Color.Red;

    }
    catch{
        MessageBox.Show("指定的串口不存在或被占用", "警告", MessageBoxButtons.OK,
MessageBoxIcon.Error);
        return;
    }
```

```
    }
    else{
        btnOpen.Text = "打 开";
        osStatus.BackColor = Color.Black;
        spData.Close();
    }
```

（5）将数据显示在 Chart 控件

```
void InsertIntoArray(float v, float c)
{ //总是将最新数据添加到数据的最右边,使曲线看起来像示波器的显示一样
    for (int i = 1; i < 10; i ++){
        _vo[i - 1] = _vo[i];
        _cur[i - 1] = _cur[i];
    }
    _vo[9] = v *1000;
    _cur[9] = c;
    chartConlection.Series[0].Points.DataBindY(_vo);
    chartConlection.Series[1].Points.DataBindY(_cur);
}
```

（6）串口通信控件的事件驱动代码

```
    try{
        message = spData.ReadExisting();
        indexV = message.IndexOf("V");
        voltage = float.Parse(message.Substring(0, indexV));
        indexC = message.IndexOf("mA");
        current = int.Parse(message.Substring(indexV + 1, indexC - indexV - 1));
        InsertIntoArray(voltage, current);
        txtVoltage.Text = voltage.ToString();
        txtCurrent.Text = current.ToString();
        this.txtReceivedData.Text = message + "\ r \ n"+ txtReceivedData.Text;
        message = "insert into voltageCurrent(voltage,Currents) values (round(@
value1,2), @value2)";
        _command.CommandText = message;
        _command.Parameters.AddWithValue("@value1", voltage);
        _command.Parameters.AddWithValue("@value2", current);
        _command.ExecuteNonQuery(); // 执行插入操作
    }
    catch (Exception ex){
        MessageBox.Show(ex.Message);
    }
```

（7）编写接收文本框的双击事件驱动代码

```
txtReceivedData.Clear();
```

（8）编写查看数据相关代码

```
message = "select * from voltageCurrent";
_command.CommandText = message;
SQLiteDataReader reader = _command.ExecuteReader();
lbDatas.Items.Clear();
while (reader.Read()){
    message = reader.GetValue(0).ToString()+""+ reader.GetValue(1).ToString() + ""+
reader.GetValue(2).ToString();
    lbDatas.Items.Add(message);
}
reader.Close();
```

参考综合项目二的测试方法下载固件，对实验平台进行相关配置，按图 10 - 7 所示进行相关配置，点击"打 开"按钮，接收、解析数据，不断旋转滑动变阻器，观察上传上来的数据，点击"查看数据"接钮时，显示曲线图。

10.4.3　项目总结

在本项目中使用数据库技术保存数据，在使用C#进行数据库编程时，要特别注意出现各种 SQL 语句的语法错误原因，在一般的数据库应用中，只需要 Connection、Command、DataReader 这三个类，但要注意 DataReader 对象是一个只往前的对象，不能获取行数。若想获取行数等其他相关内容，则可由 DataSet 这个类的对象得到。

10.5　小结

本章的主要内容是使用网络通信、串口通信对电子系统进行数据采集与控制，将得到数据或是以曲线方式显示出来，或是存放到 EXCEL 文件中，或是存放到数据库中，以给读者在今后的工作中写相似的上位机软件提供很好的参考。

参考文献

［1］陈振,高海波.Access 数据库技术与应用［M］.北京:清华大学出版社,2015.

［2］明日科技.SQL Server 从入门到精通［M］.北京:清华大学出版社,2012.

［3］John Sharp,周靖.Visual C#从入门到精通［M］.北京:清华大学出版社,2016.

［4］明日科技.Visual C#从入门到精通［M］.北京:清华大学出版社,2012.

［5］何波,傅由甲.C#网络程序开发［M］.北京:清华大学出版社,2014.

［6］Eugene Agafonov,黄博文,黄辉兰:C#多线程编程实战［M］.北京:机械工业出版社,2015.

［7］杨东霞,秦俊平.C#.NET 程序设计案例教程［M］.北京:机械工业出版社,2012.

［8］Jason Price. C#数据库编程从入门到精通［M］.北京:电子工业出版社,2003.

附录　固件下载方式

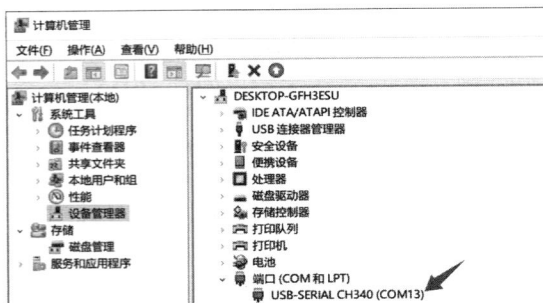

附图 1　查看硬件驱动是否安装好

1. 选中 ch341ser.exe 文件,右击,选择"以管理员身份运行"模式安装驱动程序,将实验平台通过 USB 数据接到计算机的 USB 接口上,打开计算机的"设备管理器",若能看到如附图 1 所示的"端口(COM13)",则表示驱动安装成功。

2. 打开实验模块配置软件,打开串口后,选择合适的项目,点击"配置,等待配置结束即可使用,操作如附图 2 所示。

3. 运行自己设计的软件,打开串口后,可以进行相关的操作,附图 3 所示的为项目 7-3 的测试结果。

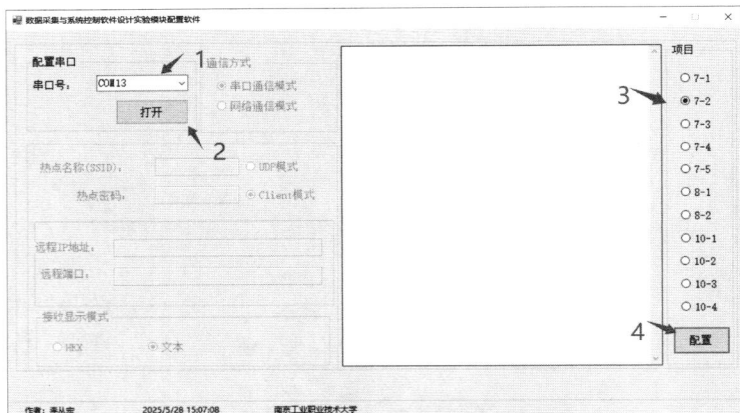

附图 2　使用配置软件配置实验模块(平台)

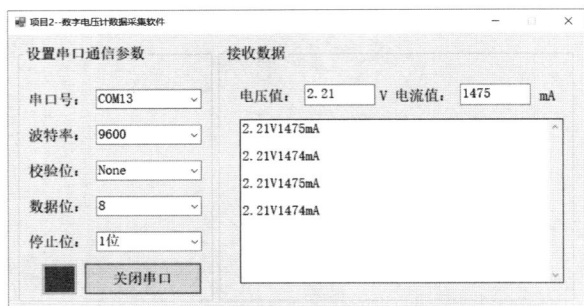

附图 3　项目 7-3 测试结果